国家自然科学基金资助项目（61762057）资助出版

聚类及图聚类流行算法

主　编　陈　梅
副主编　刘春娟　冷明伟

兰州大学出版社
LANZHOU UNIVERSITY PRESS

图书在版编目（ＣＩＰ）数据

聚类及图聚类流行算法 / 陈梅主编. -- 兰州 ： 兰
州大学出版社，2018.2
　ISBN 978-7-311-05330-7

Ⅰ．①聚…　Ⅱ．①陈…　Ⅲ．①聚类分析－算法－高等
学校－教材　Ⅳ．①O212.4

中国版本图书馆CIP数据核字(2018)第032111号

策划编辑　梁建萍
责任编辑　郝可伟
封面设计　郇　海

书　　名　聚类及图聚类流行算法
作　　者　陈　梅　主编
出版发行　兰州大学出版社　（地址:兰州市天水南路222号　730000）
电　　话　0931-8912613(总编办公室)　0931-8617156(营销中心)
　　　　　0931-8914298(读者服务部)
网　　址　http://press.lzu.edu.cn
电子信箱　press@lzu.edu.cn
印　　刷　北京虎彩文化传播有限公司
开　　本　787 mm×1092 mm　1/16
印　　张　14.5(插页4)
字　　数　273千
版　　次　2018年3月第1版
印　　次　2018年3月第1次印刷
书　　号　ISBN 978-7-311-05330-7
定　　价　35.00元

作者简介

陈梅，兰州交通大学电子与信息工程学院，博士，副教授。主要从事复杂数据分析及聚类研究，已发表SCI/EI检索文献10余篇，其中以第一作者在世界顶级期刊发表论文2篇。目前主持国家自然科学基金项目1项、甘肃省教育厅高等学校科研项目1项。主持完成甘肃省自然科学基金项目1项、甘肃省财政厅基本科研业务费项目1项。参与完成甘肃省省级、地厅级项目多项。

　　刘春娟，兰州交通大学电子与信息工程学院副教授，硕士生导师。主要从事信息科学与技术方面的教学与科研工作。主持甘肃省自然科学基金项目、甘肃省建设科技攻关项目、甘肃省高校科研项目3项，参与完成国家自然基金项目1项。发表学术论文10多篇，其中SCI收录2篇，EI收录6篇。

　　冷明伟，西北民族大学教育科学与技术学院副教授，计算机应用技术专业博士。主要从事数据挖掘和复杂网络方面的研究，已发表聚类和社团检测方向的SCI/EI检索论文20余篇。目前主持国家自然科学基金项目1项、中央高校基金项目1项。主持完成甘肃省教育厅科技课题2项、中央高校基金项目1项、西北民族大学校级课题2项，参与完成甘肃省教育厅科技课题1项。

前　言

我们生活在信息时代，数据的爆炸式增长、广泛可用和巨大数量使得我们的时代成为真正的数据时代。要在这些海量数据中发现有价值的信息、把这些数据转化成有组织的知识，急需功能强大且通用的工具。这种需求导致了数据挖掘的诞生。数据挖掘技术通过对海量数据的挖掘、处理、分析，得出结果，然后给用户提供有价值的"数据"。而"物以类聚，人以群分"，是人类几千年来认识世界和社会的基本方法。如何聚类、分群是从大数据中发现价值必须面对的一个普遍性、基础性问题，是认知科学作为"学科的学科"要解决的首要问题。所以，聚类分析是数据挖掘与大数据分析的关键技术之一。聚类分析指将物理或抽象的数据集合划分为由相似的数据组成的多个簇的分析过程。无论是政治、经济、文学、历史、社会、文化，还是数理、化工、医农、交通、地理、各行各业的大数据或宏观或微观的任何价值发现，无不借助于大数据聚类分析的结果。

但是，除了在数据挖掘类的教材中对聚类技术进行简介外，目前市面上尚未出现系统介绍聚类方法的教材。由此，本书作者在多年系统研究聚类技术的基础上编写了本书。书中从数据的类型、分布、数学基础及常用软件工具开始，首先描述了数据预处理方法、数据可视化方法，然后介绍了经典聚类技术，其中涵盖了基于划分的聚类方法、基于密度的聚类方法、基于层次的聚类方法等，并同时介绍了近几年发表在CCF A类会议和《Science》中几个聚类效果较好的几个新算法，最后对当前研究的热点问题——图聚类算法进行了详细阐述。书中对主要算法皆提供了相关代码、运行方法、运行结果及数据集出处，方便读者学习并进行调试。

本书由陈梅博士担任主编，完成了全书的统筹、编撰工作，并编写了3.2节、3.3节、3.4节、4.7—4.11节。刘春娟老师参与编写了本书的第一章、第二章、3.1节以及4.1—4.6节。冷明伟博士参与了全书的整理与修订工作，并提出了很多建设性的专业的建议和意见。陈梅的硕士研究生林俊山、温晓芳、杨志翀参与了本书的资料收集、整理以及校对工作。

本书可作为计算机专业、大数据分析与处理专业的本科及研究生教材，也可供从事数据挖掘、大数据分析的科研人员使用。

限于编者水平有限，兼之编书时间仓促，书中难免出现疏漏与欠妥之处，恳请广大读者提出宝贵意见。

编者

2017 年 11 月

目 录

第1章 引论

1.1 认识聚类

随着信息技术的飞速发展，可获得的数据越来越丰富，数据的类型也越来越复杂。衣食住行、各行各业都无不与数据分析紧密相关，一方面，互联网企业需要大量的数据支撑服务体系；另一方面，传统行业需要对过往数据进行分析来提升业绩。对数据的有效分析、利用已成为推动社会发展的重要因素之一。然而，很多时候，海量的、复杂的数据让人眼花缭乱，无从下手，给人们的认知造成了很大的困扰。很多企业甚至不能对收集到的庞大的数据信息进行很好的处理和分析。"得数据者得天下"，但是直接把海量数据推给用户是毫无意义的。这就需要通过对海量数据进行挖掘、处理、分析，得出结果，找出隐藏在数据中的可用信息，从而为用户提供有价值的数据。

这时候，聚类技术作为根据对象的特征将对象集合分成由类似的对象组成的多个类的分析过程，就提供了一个很好的选择。聚类分析是一类重要的人类行为，早在孩提时代，一个人就能通过不断改进下意识中的聚类模式来学习如何区分动物、植物。根据事物的特征对其进行聚类或分类，可以从大量数据中提取隐含的、未知的、有潜在应用价值的信息或模式。"物以类聚，人以群分"，这是人类几千年来认识世界和社会的基本方法。如何聚类是从大量数据中发现其价值必须面对的一个普遍性、基础性问题，是认知科学作为"学科的学科"要解决的首要问题。"无论是政治、经济、文学、历史、社会、文化，还是数理、化工、医农、交通、地理、各行各业的大数据或宏观或微观的任何价值发现，无不借助于大数据聚类分析的结果，因此，数据分析和挖掘的首要问题是聚类，这种聚类是跨学科、跨领域、跨媒体的。如何进行大数据聚类是数据密集型科学的基础性、普遍性问题。"所以，聚类将会成为数据认知的突破口。聚类是挖掘数据资产价值的重要一步，可以让我们主动迎接信息化时代，直面信息化带来的挑战。

　　实际生活中，我们可以借助聚类对数据做出深层次的挖掘，做出归纳性的推理，从中挖掘出潜在的模式，认识海量数据可能带来的深刻影响和巨大价值，改变我们的生活、工作和思维方式。在商务领域，聚类分析能帮助市场分析人员从客户数据库中发现不同的客户群，用购买模式来刻画不同客户群的特征。利用聚类算法从大量数据中挖掘出的有用模式，将会应用于我们的生活，为我们的生活提供便利。比如，在健康方面，我们可以利用智能手环监测的数据，对睡眠数据进行聚类，进而分析睡眠模式，了解我们的睡眠质量；在汽车保险方面，如果采集了汽车的每一次行驶信息、每一次维修信息、每一次刹车信息，通过对这些数据进行聚类分析，保险公司可对一个车况好、驾驶习惯好、常走线路事故率低、不勤开车的特定客户，给予更大的优惠，而对风险太高的客户提高保险报价甚至拒绝其投保；在保障房购买上，可采集保障房申请人群的收入、工作、身体状况以及年龄信息，通过聚类分析帮助发现最需要保障房的人群；在生物学上，聚类能用于分析植物和动物的基因信息，获得对种群中固有结构的认识。

　　总之，在信息化时代，研究聚类显得尤为重要。聚类作为一门蓬勃发展的技术，将会成为数据认知的突破口，成为很多行业的核心竞争力。本书的研究工作致力于提出兼顾效率和有效性的聚类算法，使聚类在确保精确性的同时，在海量数据背景下也能以较低的时间复杂度高效运行。

1.2　聚类分析概述

　　数据挖掘是从大量的数据中通过算法发现隐含在其中的有价值的、潜在有用的信息和知识的过程，也是一种决策支持过程，其主要基于人工智能、机器学习、模式识别以及统计学等。数据挖掘最常用的方法有分类、聚类、预测、回归分析、关联规则等。聚类是多元数据分析的主要方法之一，是数据挖掘采用的一项关键技术。

　　聚类分析起源于分类学，但是聚类与分类又有明显的不同。分类是在已知类别标号的情况下，将其他数据点映射到给定类别的某一类。然而，在很多情况下，数据的类别标号是未知的，却又需要对其进行分组。这时候，就需要借助于聚类。聚类分析能够根据数据相似度自动发现数据的分组、挖掘出数据中潜在的数据模式、特征以及规律。因此，在机器学习领域的研究中，聚类被认为是一种无监督的学习过程。

　　聚类是根据数据间的相似性把一个数据集划分成多个组或簇的过程，使得同一簇内的数据尽可能相似，而与其他簇内的数据尽可能不相似，也就是说，让同一簇内的数据分布尽可能紧凑，而不同簇间的数据尽可能远离。相似性一般根据对象的属性值进行评估，紧凑性根据数据间的距离来衡量。两个数据间的相似度值越高，它们之间就越相似。而距离则正好相反，两个数据间的距离越远，它们越不相似。因此，距离度量也被称为相异性度量。

为了适应不同特征数据的应用需求，近几十年来，研究者提出了大量的基于不同理论的聚类算法。一般而言，聚类算法可以划分为以下几类[1]：基于划分的方法、基于密度的方法、基于层次的方法、基于网格的方法和基于模式的方法。很多算法中，这些类别可能相互重叠，一种算法可能同时具有几种方法的特征。

作为数据挖掘的一种强有力的分析工具，聚类分析一般具有两种用途：

（1）作为一种独立的数据挖掘工具，发现数据的分布特征；

（2）作为其他一些数据分析方法的数据预处理步骤，给其他方法提供基于某种模式已进行了分组的数据，进一步让其他方法在相应的数据划分结果上进行专业的分析。

目前，聚类分析已经成功应用于许多领域，包括图像处理、模式识别、商业、生物、地理、网络服务、情报检索等。通过对数据进行聚类分析，可以把隐没于一大批看似杂乱无章的数据中的信息集中、萃取和提炼出来，以找出所研究对象的内在规律，从中挖掘出潜在的模式，还可以帮助企业、商家调整市场政策、减少风险、理性面对市场，并做出正确的决策，也可以帮助政府调整未来的管理政策、经济结构，积极应对生态发展等。

截至目前，研究人员已经提出了不同种类、面向各种数据特征的聚类算法。为了对众多算法进行比较分析，从而选择出最合适的聚类分析算法，人们从外部评价和内部评价两个方面提出了一些聚类评价方法。其中外部评价是依据标准的数据划分对聚类算法的结果进行质量评价；内部评价是根据簇内数据自身的分布对算法的聚类结果进行评价。

1.3　参考文献

［1］韩家炜，坎伯，裴健.数据挖掘：概念与技术［M］.北京：机械工业出版社，2012.

第2章 聚类基础

2.1 聚类定义

聚类分析的目的就是在未知的情况下将相似的数据划分到一起，不相似的数据分开。聚类分析跨越多个领域，包括数学、计算机科学、统计学、生物学和经济学等。在不同的应用领域，很多聚类技术都得到了发展，这些技术方法被用于描述数据、衡量不同数据源间的相似性以及把数据源分类到不同的簇中[1]。

从统计学的角度看，聚类分析是通过数据建模简化数据的一种方法。传统的统计聚类分析方法包括系统聚类法、分解法、加入法、动态聚类法、有序样品聚类、有重叠聚类和模糊聚类等。采用 k-Means、k-Medoids 等算法的聚类分析工具已被加入许多著名的统计分析软件包中，如 SPSS、SAS 等。

从机器学习的观点讲，簇相当于隐藏模式。聚类是搜索簇的无监督学习过程。与分类不同，无监督学习不依赖预先定义的类或带类标记的训练实例，需要由聚类学习算法自动确定标记，而分类学习的实例或数据对象有类别标记。聚类是观察式学习，而不是示例式学习。

聚类分析是一种探索性的分析，在聚类的过程中，人们不必事先给出一个分类的标准，聚类分析根据数据间的相关关系，自动进行分类。不同的聚类分析方法，得到的结论经常会不同。不同的研究者对同一个数据集进行聚类分析，所得到的聚类数可能不尽相同。

就实际应用来看，聚类分析有三个作用，分别为：

（1）聚类分析属于数据挖掘的主要任务之一。

（2）聚类分析可以作为其他算法（如分类和定性归纳算法）的预处理步骤。

（3）聚类分析能够作为一个独立的工具获得数据的分布状况，观察每一簇数据的特征，集中对特定的簇集做进一步分析。

2.1.1 形式化定义

聚类是一种把数据集划分成簇的过程，并使得簇内的点尽可能相似，而簇间的点差异性尽可能大。也就是说，同一类的数据点尽可能被聚集到一起，同时让不同类的数据点尽量分离。挖掘出的每一个簇都可能包含着某种潜在的数据模式、特征以及规律。

聚类是将一个数据集划分成子集的过程。在本书中，数据集D被定义为，

$$D = \{x_1, x_2, \cdots, x_i, \cdots x_n\} \tag{2.1}$$

其中，$x_i(1 < i < n)$是数据集中的第i个数据点，n是数据集D内数据点的个数。D也可以用如下的$n \times p$矩阵表示，

$$\begin{bmatrix} x_{11} & \cdots & x_{1f} & \cdots & x_{1p} \\ \vdots & & \vdots & & \vdots \\ x_{i1} & \cdots & x_{if} & \cdots & x_{ip} \\ \vdots & & \vdots & & \vdots \\ x_{n1} & \cdots & x_{nf} & \cdots & x_{np} \end{bmatrix}$$

其中，p是每个数据点的维数，矩阵的每一行对应一个数据点x_i，而x_{if}表示D的第i个数据点x_i的第f个属性。

本章中，聚类用如下方式进行定义：

聚类算法将数据集D划分成$k(1 \leqslant k \leqslant n)$个簇，$C_1, C_2, \cdots, C_k$

（1）$C_i \neq \varnothing, i = 1, \cdots, k$

（2）$C_i \subseteq D, i = 1, \cdots, k$

（3）$\bigcup_{i=1}^{k} C_i = D$

（4）$C_i \cap C_j = \varnothing, 1 \leqslant i, j \leqslant k, i \neq j$

其中，每个C_i内的点相互相似，而与C_j内的点不相似。

2.1.2 相似度计算

数据间的相似度是聚类分析中一个非常重要的概念。无论是在聚类过程中还是在最终的聚类质量评价中，相似度都起着至关重要的作用。最常用的两点间相似性的度量方式是距离度量和相似性度量。其中，距离度量以数据集D中点x_i与x_j之间的距离$d(x_i, x_j)$来度量两点间的相似程度，$d(x_i, x_j)$越大，x_i与x_j越不相似，而$d(x_i, x_j)$越小，x_i与x_j就越相似。相似性度量直接以两点间的相似程度$sim(x_i, x_j)$作为度量的基

础，$sim(x_i,x_j)$越大，x_i与x_j越相似，反之亦然。本节将介绍几个常用的距离函数和相似性函数。

1.常用的距离函数

（1）欧氏距离。欧氏距离是最常用的相似度度量距离，很多聚类算法预设的距离都是欧氏距离。它常用来表示两点间的最短距离，即直线距离：

$$d(x_i,x_j)=\sqrt{\sum_{f=1}^{p}(x_{if}-x_{jf})^2} \tag{2.2}$$

（2）曼哈顿距离。曼哈顿距离也叫城市街区距离。它表示两点的所有属性间的距离的总和。通俗地讲，它表示的是城市两点之间的街区距离：

$$d(x_i,x_j)=\sum_{f=1}^{p}|x_{if}-x_{jf}| \tag{2.3}$$

（3）闵科夫斯基距离。闵科夫斯基距离是欧氏距离和曼哈顿距离的推广：

$$d(x_i,x_j)=\sqrt[h]{\sum_{f=1}^{p}|x_{if}-x_{jf}|^h} \tag{2.4}$$

其中，$h\geq 1$。

可以看出，当$h=1$时，它是曼哈顿距离；当$h=2$时，它是欧氏距离。

（4）切比雪夫距离。切比雪夫距离又称为上确界距离，常被记为L_{max}或者L_∞。它取两点间所有维数距离的最大值：

$$d(x_i,x_j)=\max_f|x_{if}-x_{jf}| \tag{2.5}$$

2.常用的相似度函数

（1）余弦相似性。余弦相似性度量两个向量$\boldsymbol{x}_i$和$\boldsymbol{x}_j$之间夹角的余弦：

$$sim(\boldsymbol{x}_i,\boldsymbol{x}_j)=\frac{\boldsymbol{x}_i\cdot\boldsymbol{x}_j}{||\boldsymbol{x}_i||\cdot||\boldsymbol{x}_j||} \tag{2.6}$$

其中$||\boldsymbol{x}_i||$是向量$\boldsymbol{x}_i$的长度，定义为$\sqrt{x_{i1}^2+x_{i2}^2+\cdots+x_{ip}^2}$。

（2）皮尔逊相关系数。皮尔逊相关系数度量首先将两个数据点x_i和x_j做$Z-score$处理，然后将两组数据的乘积除以数据的维数：

$$sim(x_i,x_j)=\frac{Z(x_i)\cdot Z(x_j)}{p} \tag{2.7}$$

（3）Jaccard 相关系数。两个数据点x_i和x_j的 Jaccard 相关系数定义如下：

$$sim\left(x_i,x_j\right) = \frac{x_i \cdot x_j}{||x_i||^2 + ||x_j||^2 + ||x_i|| \cdot ||x_j||} \qquad (2.8)$$

可以看出，除了切比雪夫距离，以上所有的距离和相似性函数都与数据的维数紧密相关。

2.1.3 聚类结果评价

实际应用中，我们经常需要判断聚类算法产生的聚类结果是否合理，并需要比较多个算法在同一个数据集上产生的聚类结果的优劣。这就需要对聚类的质量进行评价。另外，对聚类结果进行评价还可以帮助估计算法在每个数据集上的聚类可行性和实用性，帮助确定聚类算法的输入参数。聚类评价分为外在评价和内在评价[2,3]两种方法。

1. 外在评价方法

在已知数据集标准划分的情况下，利用标准划分评价某种算法对数据划分的结果，就称为外部评价方法。最常用的外部评价方法有 *Rand Index*（RI）[4]、*Adjusted Rand Index*（ARI）[5]、*Normalized Mutual Information*（NMI）[6]、*F−measure*（亦即 *F−score*）[7]、*Jaccard Index* 和 *Purity*。

为了方便以下描述，本书将数据集的标准划分记为 $S = \{S_1, S_2, \cdots, S_s\}$，待评价的某种算法的划分记为 $P = \{P_1, P_2, \cdots, P_m\}$。

（1）*Rand Index*

用 a, b, c, d 表示两个点 x_i, x_j 相应的簇分配：

$$a = \left|\left\{\left(x_i, x_j\right) | x_i, x_j \in S_k, x_i, x_j \in P_l\right\}\right|$$

$$b = \left|\left\{\left(x_i, x_j\right) | x_i \in S_{k1}, x_j \in S_{k2}, x_i \in P_{l1}, x_j \in P_{l2}\right\}\right|$$

$$c = \left|\left\{\left(x_i, x_j\right) | x_i, x_j \in S_k, x_i \in P_{l1}, x_j \in P_{l2}\right\}\right|$$

$$d = \left|\left\{\left(x_i, x_j\right) | x_i \in S_{k1}, x_j \in S_{k2}, x_i, x_j \in P_l\right\}\right|$$

其中，$1 \leqslant i, j \leqslant n; i \neq j; 1 \leqslant k, k_1, k_2 \leqslant s; k_1 \neq k_2; 1 \leqslant l; l_1, l_2 \leqslant m; l_1 \neq l_2$。

那么，*Rand Index* 可表示如下：

$$RI = \frac{a+b}{a+b+c+d} = \frac{a+b}{\binom{n}{2}} \qquad (2.9)$$

直觉 $a+b$ 可被看作是 S 和 P 两个划分的一致性，$c+d$ 可被看作是 S 和 P 两个划分的偏差。*Rand Index* 的取值范围为 $[0,1]$，0 意味着两个划分完全不同，1 则表示两个划分完全一致。其值越大，类的划分就越好。

（2）*Adjusted Rand Index*

Adjusted Rand Index 是 *Rand Index* 的调整形式。

$$ARI = \frac{Index - ExpectedIndex}{MaxIndex - ExpectedIndex} \tag{2.10}$$

为了更具体地描述 *ARI*，用表2.1表示基准划分 S 和实际划分 P 一致的部分，其中 n_{ij} 是既在 S_i 又在 P_j 中点的数目，亦即 $n_{ij} = S_i \bigcap P_j$。

表2.1　n_{ij} 构成的列联表

$S \setminus P$	P_1	P_2	...	P_m	$Sums$
S_1	n_{11}	n_{12}	...	n_{1m}	a_1
S_2	n_{21}	n_{22}	...	n_{2m}	a_2
...	...	...	...	...	...
S_s	n_{s1}	n_{s2}	...	n_{sm}	a_s
$Sums$	b_1	b_2	...	b_m	

则 *Adjusted Rand Index* 可表示为

$$ARI = \frac{\sum_{ij}\binom{n_{ij}}{2} - \left[\sum_i\binom{a_i}{2}\sum_j\binom{b_j}{2}\right]/\binom{n}{2}}{\frac{1}{2}\left[\sum_i\binom{a_i}{2} + \sum_j\binom{b_j}{2}\right] - \left[\sum_i\binom{a_i}{2}\sum_j\binom{b_j}{2}\right]/\binom{n}{2}} \tag{2.11}$$

其中 n_{ij}，a_i，b_j 的值可由表2.1得到。

从公式（2.10）可以看出，当 *Index* 的值比 *ExpectedIndex* 的值小时，*ARI* 可能为负值。*ARI* 的取值范围为 $[-1，1]$，*ARI* 值越大，类的划分越好。

（3）*Normalized Mutual Information*

Normalized Mutual Information 是一个基于信息论的衡量标准：

$$NMI = \frac{I(S,P)}{\frac{H(S) + H(P)}{2}} \tag{2.12}$$

其中，$I(S,P)$ 为标准划分 S 与实际划分 P 的互信息量，可用来评价两种划分结果的一致性；$H(S)$ 和 $H(P)$ 分别表示这两种划分的熵。

更进一步，*NMI* 可用概率表示为：

$$NMI = \frac{-2\sum_{i=1}^{m}\sum_{j=1}^{s}\left|S_i \cap P_j\right|\log(\frac{\left|S_i \cap P_j\right|\cdot n}{\left|S_i\right|\cdot\left|P_j\right|})}{\sum_{i=1}^{m}\left|P_i\right|\log(\frac{\left|P_i\right|}{n}) + \sum_{j=1}^{s}\left|S_j\right|\log(\frac{\left|S_j\right|}{n})} \tag{2.13}$$

NMI 的取值范围为 $[0,1]$，其值越大，类的划分越好。

（4）$F\text{-}measure$

首先需要定义如下的几个术语 [8]：

TP（True Positive）：被分类器正确分类的正类点的个数；

TN（True Nagative）：被分类器正确分类的负类点的个数；

FP（False Positive）：被分类器错误地标记为正类点的负类点的个数；

FN（False Nagative）：被分类器错误地标记为负类点的正类点的个数。

然后使用准确率（$Precision$）度量被正确分类的正类点的个数占被分类器标记为正类点数的百分比：

$$Precision = \frac{TP}{TP + FP} \tag{2.14}$$

使用召回率（$Recall$）度量正点类被分类器标记为正类点的百分比：

$$Recall = \frac{TP}{TP + FN} \tag{2.15}$$

将 $Precision$ 和 $Recall$ 组合成的一个度量方法就是 $F\text{-}measure$（也被称作 $F1\text{-}measure$ 或 $F\text{-}score$）。$F\text{-}measure$ 被定义为，

$$F\text{-}measure = \frac{2 \times Precision \times Recall}{Precision + Recall} \tag{2.16}$$

$F\text{-}measure$ 的取值范围为 $[0,1]$。其值越大，类的划分越好。

（5）$Jaccard\ Index$

$Jaccard\ Index$ 也叫 $Jaccard$ 系数，被用于评价两个数据集的相似性或者两个划分的一致性。其定义如下：

$$JI(S,P) = \frac{\left|S \cap P\right|}{\left|S \cup P\right|} = \frac{TP}{TP + FP + FN} \tag{2.17}$$

$Jaccard\ Index$ 的取值范围为 $[0,1]$。值为1意味着两个数据集完全等同，值为0意味着两个数据集没有相同的元素。

（6）$Purity$

$Purity$ 表示类的纯净度。对于单个簇 P_j，首先需要找到与其相对应的标准划分里

的簇S_i，然后计算P_j中的点也在S_i的点数占P_j中总点数的比例，此比例就是簇P_j的纯净度。单个簇的纯净度可形式化表示为：

$$Purity(P_j) = \frac{|S_i \cap P_j|}{|P_j|} \tag{2.18}$$

其中，$|S_i \cap P_j|$为$S_i \cap P_j$中的数据点的个数，$|P_j|$为簇P_j中的数据点的个数。

整个划分的纯净度是所有簇的纯净度的均值，即

$$Purity(P) = \frac{\sum_{j=1}^{m} Purity(P_j)}{m} \tag{2.19}$$

$Purity$的取值范围为$[0,1]$。其值越大，类的划分越好。

2.内在评价方法

在很多实际应用中，研究人员无法预先获得数据集的标准划分。这时候，就需要使用算法自身产生的聚类结果来对算法质量进行评价，这种评价方法就是内在评价方法。内在评价方法一般是根据簇内数据点的紧密度和簇间数据点的分离度评估聚类的好坏。使用内在评价的一个缺点是，好的内在评价指标有时候并不意味着有效的聚类结果。一般情况下，建议同时使用两个不同的评价指标进行评价。

（1）*Dunn Index* [9]

Dunn Index 被定义如下：

$$Dunn = \min_{1 \le i \le m} \left\{ \min_{1 \le j \le m, j \ne i} \left\{ \frac{\delta(C_i, C_j)}{\max_{1 \le k \le m} \Delta k} \right\} \right\} \tag{2.20}$$

其中，$\delta(C_i, C_j)$是类C_i和C_j之间的相似性，Δ_k是同一个类内的两点间不相似度的最大值。对于一个给定的划分，较大的 *Dunn Index* 值意味着较好的类的划分。

（2）*Silhouette Index* [10]

Silhouette Index 被定义如下：

$$S = \frac{1}{m} \sum_{i=1}^{m} \left\{ \frac{1}{n_i} \sum_{x_i \in C_i} \frac{b(x_i) - a(x_i)}{\max[b(x_i), a(x_i)]} \right\} \tag{2.21}$$

其中，m是簇的个数，n_i是簇C_i中的数据点个数。对于每个数据点x_i，$a(x_i)$是x_i与同一类内其他所有点的平均不相似度，$b(x_i)$是x_i与其他类内的点的平均不相似度的最小值。

对于一个给定的划分，较大的 *Silhouette Index* 值意味着较好的类划分。

（3）*Davies - Bouldin Index*

Davies - Bouldin Index 被定义如下：

$$DB = \frac{1}{m}\sum_{i=1}^{m} \max_{j \neq i}\left[\frac{\sigma_i + \sigma_j}{d(c_i, c_j)}\right] \tag{2.22}$$

其中，m 是类的数目，c_i 是簇 i 的中心点（Centroid），σ_i 是簇 i 内所有的点到中心点 c_i 的平均距离，$d(c_i, c_j)$ 是两个中心点 c_i 和 c_j 间的距离。

当聚类算法产生数据点在类内高相似并且类间低相似的簇时，将会得到一个低的 *Davies-Bouldin Index*。基于此标准，获得最小的 *Davies-Bouldin Index* 的聚类算法就是最好的算法。

2.2 数据类型

随着信息技术的飞速发展，人们在日常生活中会产生很多相关数据信息，比如：交易记录、饮食习惯、健康状况以及购物喜好等行为信息。自从维克托·迈尔-舍恩伯格及肯尼斯·库克耶编写的《大数据时代》出版之后，人们已经意识到大数据时代的到来。大数据，英文名为 Big Data，指无法在一定时间范围内用常规软件工具进行捕捉、管理和处理的数据集合，是需要新处理模式才能具有更强的决策力、洞察发现力和流程优化能力的海量、高增长率和多样化的信息资产。麦肯锡全球研究所给出的定义是：一种规模大到在获取、存储、管理、分析方面大大超出了传统数据库软件工具能力范围的数据集合，具有海量的数据规模、快速的数据流转、多样的数据类型和价值密度低四大特征。后来，IBM 根据实际统计的经验来看，得出大数据的 5V 特点：Volume（大量）、Velocity（高速）、Variety（多样）、Value（低价值密度）、Veracity（真实性）。

大数据按存储方式划分为：结构化数据、半结构化数据和非结构化数据。结构化数据又称为行数据，能够用数据或统一的结构加以表示，是由二维表结构来逻辑表达和实现的数据，严格地遵循数据格式与长度规范，主要通过关系型数据库进行存储和管理。其中，与结构化数据相对的是不适于由数据库二维表来表现的非结构化数据，非结构化数据是数据结构不规则或不完整、没有预定义的数据模型，不方便用数据库二维逻辑表来表现的数据，包括所有格式的办公文档、文本、图片、XML、HTML、各类报表、图像和音频/视频信息等等。半结构化数据是介于完全结构化数据和完全无结构的数据之间的数据，是数据结构不规则或不完整、没有预定义的数据模型。本书将主要对结构化数据进行详细的说明。

2.2.1 相关定义

数据（data）是事实或观察的结果，是对客观事物的逻辑归纳，用于表示客观事物的未经加工的原始素材。数据存储有多种方式，既可以放在Excel表中，也可以记录在文本文件中，也可以存储在数据库中。大多数事物或行为都可以用数据的形式来体现，将不同的事物行为统计在一起相当于一组值的集合。数据包括两个因素：属性与度量。

1.属性

属性（Property）是对一个对象的性质与关系的抽象刻画，如事物的形状、颜色、气味、美丑、善恶、优劣、用途等都是事物的性质。属性并非数字或符号。然而，为了讨论和精细地分析对象的特性，用户可以为它们赋予数字或符号。属性总是以名称或值对的形式出现。属性有四种类型：标称（nominal）、序数（ordinal）、二元（binary）和数值（numeric）。机器学习领域开发的分类算法通常把属性分类成离散的或连续的。

（1）标称属性

标称的意思是"与名称相关"。标称属性的值是一些符号或事物的名称。每个值代表某种类别、编码或者状态，只在有限目标集中取值，因而标称属性又被称为分类。例如，人的属性——眼睛瞳孔颜色（黑、棕、蓝、黄……）和性别（男、女）属于标称属性；一个数学命题的属性——真、假，也属于标称属性。

标称属性值可以用数字表示，如1，2，3等；但是这些值并不具有有意义的序，并且不是定量的，因而这种属性的均值、中位数是没有意义的。但众数是有意义的。该属性是定性的，描述对象的特征，但不给出实际大小或数量。

（2）序数属性

序数属性可能的值之间具有有意义的序或秩的评定，但是相继值之间的差是未知的，具有先后顺序。序数属性可以通过把数值量的值域划分成有限个有序类别，把数值属性离散化而得到。序数属性的中心趋势可以用它的众数和中位数（有序序列的中间值）表示，但不能定义均值。序数属性通常用于等级评定调查。该属性是定性的，描述对象的特征，但不给出实际大小或数量。

（3）二元属性

二元属性是一种标称属性，只有两种状态：0和1，通常0表示该属性不出现，1表示该属性出现。二元属性又称为布尔属性（是与非）。

二元属性又分对称的和非对称的：对称指两种状态具有同等价值且相同的权重，如性别（男、女）；非对称是指状态的结果不是同样重要的，如病毒化验结果（阳性、阴性）。该属性是定性的，描述对象的特征，但不给出实际大小或数量。

（4）数值属性

数值属性是定量的，是可度量的量，直接使用自然数或度量衡单位进行计量的具体的数值。可以从无限的数值集合中取值，如0.2，53.067等。数值属性可以是区间标度的或比率标度的。

区间标度属性用相等的单位尺度度量。区间属性的值有序，可以为正、0或负，例如：10岁，20岁（年龄属性）。值之间的差是有意义的，即存在测量单位。如日历日期、摄氏温度或华氏温度。

比率标度属性是具有固定零点的数值属性，即一个值是另一个的倍数（比率）。比率值也是有序的，可以计算值之间的差，也能计算均值、中位数、众数。差和比率都是有意义的。如绝对温度、货币量、计数、年龄、电流等。

（5）离散属性

离散属性又称离散值属性，具有有限或无限可数个值，可以用或不用整数表示。比如：属性头发颜色、肤色都有有限个值，因此是离散属性。

（6）连续属性

术语"数值属性"与"连续属性"通常可以互换地使用。如果属性不是离散的，则它是连续的。连续属性一般用浮点变量表示。

2. 度量

度量（Measure）是对一个物体或是事件的某个属性给予一个数字，使其可以和其他物体或是事件的相同性质比较。可以是对一物理量（长度、体积或密度）的估计或测定，也可以是其他较抽象的特质。若不考虑少部分的量子常数，度量单位基本上可以任意选定。

2.2.2　二维数据

维度，又称维数，是数学中独立参数的数目，在一定的前提下描述一个数学对象所需的参数个数。一般被描述对象均是"点"，在点上描述一个点就是点本身，不需要参数；在直线上描述一个点，需要1个参数（坐标值）；在平面上描述一个点，需要2个参数（坐标值）；在体上描述一个点，需要3个参数（坐标值）。通常将对象点的属性个数看作维度。

二维数据集表示有两个属性的点组成的集合。如图2.1所示，二维数据集存储在文本文件中的情形。

```
Compound.in
26.75	22.15
26.8	19.05
27.15	14.85
27.15	7.85
27.25	11.95
27.25	16.7
27.7	20.85
28.2	13.95
28.35	18.25
28	9.75
29.05	16
29.15	8.1
29.45	12.05
29.8	22.15
29.9	19.95
```

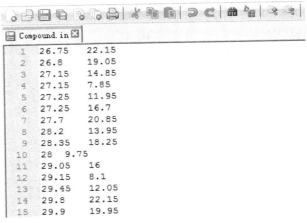

图 2.1　二维数据集表示图

2.2.3　三维数据

空间上，通常我们说的三维是指在平面二维系中又加入了一个方向向量构成的空间系。三维既是坐标轴的三个轴，即x轴、y轴、z轴，其中x表示左右空间，y表示上下空间，z表示前后空间。在此基础上，一个具有三个属性的数据点表示空间中的任意一点。

三维数据集存储在文本文件中的情形，如图 2.2 所示。

```
swiss3D.in
0	4.4755	8.2676	5.6159
0	1.4562	8.3285	-4.791
0	5.9925	7.5172	-1.1264
0	5.4945	5.1572	4.2403
0	-5.9882	8.8167	6.2029
0	-7.3454	8.9342	4.9104
0	6.1837	9.1196	-0.49415
0	2.3217	6.9142	-4.6277
0	-9.2133	6.768	-3.2251
0	1.532	6.6526	7.4975
0	5.1435	8.5123	-2.6849
0	5.877	6.9195	3.448
0	6.353	5.1557	0.66877
0	-0.39136	7.2832	7.8938
0	-2.8159	6.3971	7.7059
0	4.3191	6.6814	-3.5557
```

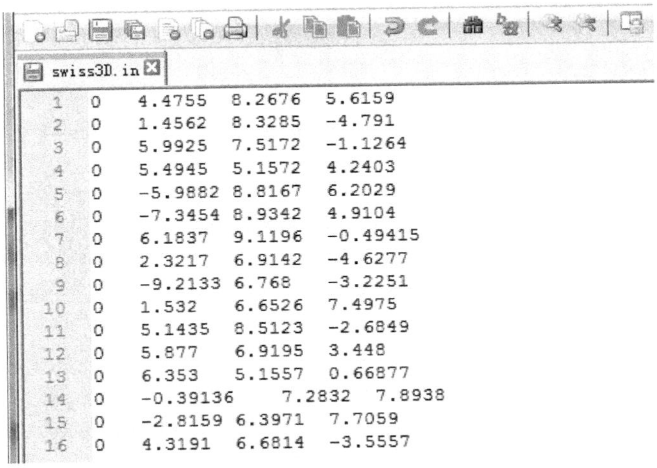

图 2.2　三维数据集表示图

2.2.4　多维数据

多于三维的数据统称为多维数据。表示对象点的属性有多个，目前难以用图的形式来展现。多维数据集存储在文本文件中的情形，如图 2.3 所示。

abalone.in

#							
1	0.45500000	0.36500000	0.09500000	0.51400000	0.22450000	0.10100000	0.15000000	15.00000000
2	0.35000000	0.26500000	0.09000000	0.22550000	0.09950000	0.04850000	0.07000000	7.00000000
3	0.53000000	0.42000000	0.13500000	0.67700000	0.25650000	0.14150000	0.21000000	9.00000000
4	0.44000000	0.36500000	0.12500000	0.51600000	0.21550000	0.11400000	0.15500000	10.00000000
5	0.33000000	0.25500000	0.08000000	0.20500000	0.08950000	0.03950000	0.05500000	7.00000000
6	0.42500000	0.30000000	0.09500000	0.35150000	0.14100000	0.07750000	0.12000000	8.00000000
7	0.53000000	0.41500000	0.15000000	0.77750000	0.23700000	0.14150000	0.33000000	20.00000000
8	0.54500000	0.42500000	0.12500000	0.76800000	0.29400000	0.14950000	0.26000000	16.00000000
9	0.47500000	0.37000000	0.12500000	0.50950000	0.21650000	0.11250000	0.16500000	9.00000000
10	0.55000000	0.44000000	0.15000000	0.89450000	0.31450000	0.15100000	0.32000000	19.00000000
11	0.52500000	0.38000000	0.14000000	0.60650000	0.19400000	0.14750000	0.21000000	14.00000000
12	0.43000000	0.35000000	0.11000000	0.40600000	0.16750000	0.08100000	0.13500000	10.00000000
13	0.49000000	0.38000000	0.13500000	0.54150000	0.21750000	0.09500000	0.19000000	11.00000000
14	0.53500000	0.40500000	0.14500000	0.68450000	0.27250000	0.17100000	0.20500000	10.00000000
15	0.47000000	0.35500000	0.10000000	0.47550000	0.16750000	0.08050000	0.18500000	10.00000000
16	0.50000000	0.40000000	0.13000000	0.66450000	0.25800000	0.13300000	0.24000000	12.00000000
17	0.35500000	0.28000000	0.08500000	0.29050000	0.09500000	0.03950000	0.11500000	7.00000000
18	0.44000000	0.34000000	0.10000000	0.45100000	0.18800000	0.08700000	0.13000000	10.00000000
19	0.36500000	0.29500000	0.08000000	0.25550000	0.09700000	0.04300000	0.10000000	7.00000000
20	0.45000000	0.32000000	0.10000000	0.38100000	0.17050000	0.07500000	0.11500000	9.00000000
21	0.35500000	0.28000000	0.09500000	0.24550000	0.09550000	0.06200000	0.07500000	11.00000000
22	0.38000000	0.27500000	0.10000000	0.22550000	0.08000000	0.04900000	0.08500000	10.00000000

图2.3　多维数据集表示图

2.2.5　图数据

图数据主要的信息是节点、边和权重，如何存储这些信息是至关重要的，同时采用何种存储结构对图的还原影响非常大。一般地，有两种图的存储方式：（1）关系数据库；（2）文本。

1.关系数据库存储

要存储这些信息需要创建一个关系表，第一个就是节点表：用于存储节点的详细信息（节点里面包含的数据），并给节点编号。另外，还要创建一个边关系表用于存储边的详细信息、两个节点和权重。如果图是无向图，两个节点之间的边的关系是相互的。

图的搜索和数据挖掘在开始时不需要节点的详细信息，在挖掘到了有用的信息时才从关系表中获取每个节点的详细信息。所以在进行搜索或者其他的图挖掘的时候完全不需要知道节点的详细信息，而是只要拿到每个节点的编号就行了，当需要时再根据这个编号到节点关系表中获取节点的信息，这样做可以减少图所占用的内存，因为此时每个节点只是一个数字，而不是那些复杂的信息。对于将这些信息存储到数据库中，下面将举例说明：

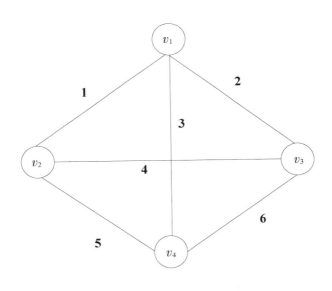

图2.4　网络示例图

从图2.4可以看到，该网络是个无权图，其中有v_1、v_2、v_3、v_4四个节点，6条边。节点关系表和边关系表如表2.2和2.3所示：

表2.2　节点关系表

节点编号	节点信息
1	v_1
2	v_2
3	v_3
4	v_4

表2.3　边关系表

边编号	起始节点编号	终止节点编号
1	v_1	v_2
2	v_1	v_3
3	v_1	v_4
4	v_2	v_3
5	v_2	v_4
6	v_3	v_4

2. 文本存储

文本存储是将每个节点的邻接节点通过数组写到文本中，包含节点的详细信息。如图2.5所示，* Vertices 34左边区域表示34个节点编号，右边区域表示点的详细信息；* Edges表示边的信息，即节点之间的邻接关系。

```
karate.net
 1   *Vertices 34
 2      1 "1"                    0.6598    0.4712    0.5000
 3      2 "2"                    0.6693    0.6279    0.5000
 4      3 "3"                    0.5049    0.6434    0.5000
 5      4 "4"                    0.7632    0.7287    0.5000
 6      5 "5"                    0.6517    0.1899    0.5000
 7      6 "6"                    0.8272    0.4195    0.5000
 8      7 "7"                    0.7778    0.2624    0.5000
 9      8 "8"                    0.7495    0.8178    0.5000
10      9 "9"                    0.3914    0.5310    0.5000
11     10 "10"                   0.4480    0.7257    0.5000
12     11 "11"                   0.6914    0.2982    0.5000
13     12 "12"                   0.5953    0.2505    0.5000
14     13 "13"                   0.8491    0.5845    0.5000
15     14 "14"                   0.6184    0.8295    0.5000
16     15 "15"                   0.3620    0.8992    0.5000
17     16 "16"                   0.1955    0.9165    0.5000
18     17 "17"                   0.8848    0.2087    0.5000
19     18 "18"                   0.8415    0.6822    0.5000
20     19 "19"                   0.2642    0.9496    0.5000
21     20 "20"                   0.5136    0.4527    0.5000
22     21 "21"                   0.1465    0.8686    0.5000
23     22 "22"                   0.8656    0.5010    0.5000
24     23 "23"                   0.1160    0.8096    0.5000
25     24 "24"                   0.1115    0.3760    0.5000
26     25 "25"                   0.3562    0.1899    0.5000
27     26 "26"                   0.1663    0.2016    0.5000
28     27 "27"                   0.0626    0.5465    0.5000
29     28 "28"                   0.3033    0.3256    0.5000
30     29 "29"                   0.4084    0.4209    0.5000
31     30 "30"                   0.0841    0.6938    0.5000
32     31 "31"                   0.4247    0.8721    0.5000
33     32 "32"                   0.4286    0.2946    0.5000
34     33 "33"                   0.2759    0.7209    0.5000
35     34 "34"                   0.2231    0.4574    0.5000
36   *Edges
37      1   32
38      1   22
39      1   20
40      1   18
41      1   14
42      1   13
```

图 2.5   图数据文本存储表示图

2.3   数学基础

大数据作为信息技术发展到成熟阶段的产物，并不是想象中的那么神秘。分析大数据与统计学的关系，首先要从大数据是什么入手。什么是大数据呢？量的增多，是人们对大数据的第一个认识。随着科技发展，各个领域的数据量都在迅猛增长。大数据区别于数据，还在于数据的多样性。正如某咨询公司研究报告指出的，数据的爆炸是三维的、立体的。从数据到大数据，不仅是量的积累，更是质的飞跃。海量的、不同来源的、不同形式的、包含不同信息的数据可以容易地被整合、分析，原本孤立的数据变得互相联通。这使得人们通过数据分析，能发现小数据时代很难发现的新知识，创造新的价值。

　　统计无时不在，从结绳记事到今天的大数据，统计作为人们认识客观世界的工具，也在不断创新，统计学作为一门系统研究数据的学科，在不断丰富与完善。普遍的定义认为，统计学是关于数据的科学，研究如何收集数据，并科学地推断总体特征。大数据时代需要重视统计学，因为在数据足够多了之后，我们突然发现一切社会现象到最后都有统计规律，它不像物理学那样可以准确地去描述因果的关系，它从本质上来说就是一个统计规律。现在社会上有一种流行的说法，认为在大数据时代，"样本＝全体"，人们得到的不是抽样数据而是全数据，因而只需要简单地数一数就可以下结论了，复杂的统计学方法可以不再需要了。这种观点是错误的。首先，大数据告知信息但不解释信息。其次，全数据的概念本身很难经得起推敲。在大数据时代，数据分析的很多根本性问题和小数据时代并没有本质区别，统计学依然是数据分析的灵魂。

　　统计学的基础是数据，传统的数据收集方法主要包括实验数据、调查数据以及各种途径收集到的二手数据。而在长期的实践过程中，采用传统收集方法得到的数据大多存在误差，样本的客观性难以保证，样本选取也可能对结果产生影响，因此传统的数据收集方法不再适应统计学发展的需要。从这种意义上来说，大数据的出现可以说是科学发展的必然。大数据的出现使统计学最关键的数据收集环节实现了跨越：大数据意味着所有统计对象的数据都能应用到统计过程中，统计数据不再存在局限性，配合适当的统计方法和数据处理方法，得出的统计结果将更具有代表性和说服力。

　　大数据将对未来产生很大的影响，目前可以预见的与统计学相关的发展趋势主要有以下两点：一是数据科学和数据的紧密结合。数据科学将成为一门专门的学科，数据的重要性不言而喻，统计学也会借此契机迎来新的发展。基于数据基础平台，还将建立起跨领域的数据共享平台，之后，数据共享将扩展到企业层面，并且成为未来产业的核心一环。二是数据管理成为核心竞争力。数据管理成为核心竞争力，直接影响财务表现。当"数据资产是企业核心资产"的概念深入人心之后，企业对数据管理便有了更清晰的界定，将数据管理作为企业核心竞争力，持续发展，战略性规划与运用数据资产，成为企业数据管理的核心。数据资产管理效率与主营业务收入增长率、销售收入增长率显著正相关。届时，统计学的相关知识将被广泛地应用在生产生活的各个方面，全面深入地融入人们的生活。

　　本节将介绍一些数据处理的基本统计描述，它是聚类算法的数学基础。

2.3.1　均值

数据集"中心"的最常用、最有效的数值度量是（算术）均值。均值，顾名思义就是一组数据的（算术）平均值[11]，这个量常用来度量一组数据的"中心"。例如对于一组数据：x_1，x_2，$\cdots$，x_N。其均值则为：

$$\bar{x} = \frac{\sum_{i=1}^{N} x_i}{N} = \frac{x_1 + x_2 + \cdots + x_N}{N} \tag{2.23}$$

如果对上述数据的每个值，赋以不同的权重：w_i，则为加权平均数[10]，其计算方法为：

$$\bar{x} = \frac{\sum_{i=1}^{N} x_i \times w_i}{\sum_{i=1}^{N} w_i} = \frac{x_1 \times w_1 + x_2 \times w_2 + \cdots + x_N \times w_N}{w_1 + w_2 + \cdots + w_N} \tag{2.24}$$

类似地，在均值中，还有一类截尾平均，即去除数据中的最大值和最小值之后求得的平均值。

2.3.2　中位数

中位数是指将数据按大小顺序排列起来，形成一个数列，居于数列中间位置的那个数据。中位数用 M_e 表示。

从中位数的定义可知，所研究的数据中有一半小于中位数，有一半大于中位数。中位数的作用与算术平均数相近，也是作为所研究数据的代表值。在一个等差数列或一个正态分布数列中，中位数就等于算术平均数。

在数列中出现了极端变量值的情况下，用中位数作为代表值要比用算术平均数更好，因为中位数不受极端变量值的影响；如果研究目的就是反映中间水平，当然也应该用中位数。在进行统计数据的处理和分析时，可结合使用中位数。

确定中位数，必须将总体各单位的标志值按大小顺序排列，最好是编制出变量数列。这里有两种情况：

1.对于未分组的原始资料，首先必须将标志值按大小排序。设排序的结果为：

$x_1 \leqslant x_2 \leqslant x_3 \leqslant \cdots \leqslant x_n$

则中位数就可以按下面的方式确定：

$$M_e = \begin{cases} x_{\frac{n+1}{2}} & (n\text{为奇数}) \\ \dfrac{x_{\frac{n}{2}} + x_{\frac{n}{2}+1}}{2} & (n\text{为偶数}) \end{cases} \tag{2.25}$$

2.由分组资料确定中位数

由组距数列确定中位数,应先按$\dfrac{\sum f}{2}$的公式求出中位数所在组的位置,然后再按下限公式或上限公式确定中位数。

下限公式: $M_e = L + \dfrac{\dfrac{\sum f}{2} - S_{n-1}}{f_m} \times d$ \tag{2.26}

上限公式: $M_e = U - \dfrac{\dfrac{\sum f}{2} - S_{n+1}}{f_m} \times d$ \tag{2.27}

式中:

M_e为中位数;

L为中位数所在组下限;

U为中位数所在组上限;

f_m为中位数所在组的次数;

$\sum f$为总次数;

d为中位数所在组的组距;

S_{n-1}为中位数所在组以下的累计次数;

S_{n+1}为中位数所在组以上的累计次数。

中位数的特点:

(1)中位数是以它在所有标志值中所处的位置确定的全体单位标志值的代表值,不受分布数列的极大值或极小值影响,从而在一定程度上提高了中位数对分布数列的代表性。

(2)有些离散型变量的单项式数列,当次数分布偏态时,中位数的代表性会受到影响。

(3)缺乏敏感性。

2.3.3 数学期望

期望值是对不确定条件的所有可能性结果的一个加权平均，而权数正是每种结果发生的概率。期望值[12]测度了事件结果的总体趋势，也就是我们所期望结果的平均值，是最基本的数学特征之一。需要注意的是，期望值并不一定等同于常识中的"期望"——"期望值"也许与每一个结果都不相等。期望值是该变量输出值的平均数，期望值并不一定包含于变量的输出值集合里。大数定律规定，随着重复次数接近无穷大，数值的算术平均值几乎肯定地收敛于期望值。

例如你正在投资于一个从事海上石油开采的公司，如果它的开采计划成功，该公司每股股票将从30美元上升到40美元，而在开采失败时，其价格将跌至每股20美元。这样就产生了两种可能性价格结果：每股40美元或每股20美元。用P表示概率，则在这一例子中期望值表示如下：

期望值$=P($成功$)\times40+P($失败$)\times20=0.5\times40+0.5\times20=25$美元

一般地，若某个事件有n个结果，其值分别为X_1，X_2，$\cdots$，X_n，可能发生的概率分别为P_1，P_2，$\cdots$，P_n，则该事件结果的期望值为[13]：

$$E(X)=P_1\times X_1+P_2\times X_2+\cdots+P_n\times X_n$$

2.3.4 方差与标准差

方差和标准差是测度数据变异程度的最重要、最常用的指标。方差[14]是各个数据与其算术平均数的离差平方和的平均数，通常以σ^2表示。方差的计量单位和量纲不便于从经济意义上进行解释，所以实际统计工作中多用方差的算术平方根——标准差来测度统计数据的差异程度。标准差又称均方差，一般用σ表示。方差和标准差的计算也分为简单平均法和加权平均法，另外，对于总体数据和样本数据，公式略有不同。

设总体方差为σ^2，对于未经分组整理的原始数据，方差的计算公式为：

$$\sigma^2=\frac{\sum_{i=1}^{N}(x_i-\bar{x})^2}{N} \tag{2.28}$$

对于分组数据，方差的计算公式为：

$$\sigma^2=\frac{\sum_{i=1}^{K}(x_i-\bar{x})^2 f_i}{\sum_{i=1}^{K}f_i} \tag{2.29}$$

方差的平方根即为标准差，其相应的计算公式为：

未分组数据：
$$\sigma = \sqrt{\frac{\sum_{i=1}^{N}(x_i - \bar{x})^2}{N}} \tag{2.30}$$

分组数据：
$$\sigma = \sqrt{\frac{\sum_{i=1}^{K}(x_i - \bar{x})^2 f_i}{\sum_{i=1}^{K} f_i}} \tag{2.31}$$

样本方差与总体方差在计算上的区别是：总体方差是用数据个数或总频数去除离差平方和，而样本方差则是用样本数据个数或总频数减1去除离差平方和，其中样本数据个数减1即 $n-1$ 称为自由度。设样本方差为 S_{n-1}^2，根据未分组数据和分组数据计算样本方差的公式分别为：

未分组数据：
$$S_{n-1}^2 = \frac{\sum_{i=1}^{N}(x_i - \bar{x})^2}{n-1} \tag{2.32}$$

分组数据：
$$S_{n-1}^2 = \frac{\sum_{i=1}^{N}(x_i - \bar{x})^2 f_i}{\sum_{i=1}^{N} f_i - 1} \tag{2.33}$$

未分组数据：
$$S_{n-1} = \sqrt{\frac{\sum_{i=1}^{N}(x_i - \bar{x})^2}{n-1}} \tag{2.34}$$

分组数据：
$$S_{n-1} = \sqrt{\frac{\sum_{i=1}^{N}(x_i - \bar{x})^2 f_i}{\sum_{i=1}^{N} f_i - 1}} \tag{2.35}$$

方差和标准差也是根据全部数据计算的，它反映了每个数据与其均值相比平均相差的数值，因此它能准确地反映出数据的离散程度。方差和标准差是实际中应用最广泛的离散程度测度值。

2.3.5　正态分布

正态分布（Normal distribution）也称"常态分布"，又名高斯分布，是一个在数学、物理及工程等领域都非常重要的概率分布，在统计学的许多方面有着重大的影响。正态分布是一种概率分布，是具有两个参数 μ 和 σ^2 的连续型随机变量的分布，第一参数 μ 是服从正态分布的随机变量的均值，第二个参数 σ^2 是此随机变量的方差，所

以正态分布记作 $N(\mu, \lambda^2)$。服从正态分布的随机变量的概率规律为取与 μ 邻近的值的概率大，而取离 μ 越远的值的概率越小；σ 越小，分布越集中在 μ 附近，σ 越大，分布越分散。正态分布的密度函数的特点是：关于 μ 对称，在 μ 处达到最大值，在正（负）无穷远处取值为 0，在 $\mu \pm \sigma$ 处有拐点。它的形状是中间高两边低，图像是一条位于 x 轴上方的钟形曲线，左右对称，曲线与横轴间的面积总等于 1。

　　标准正态曲线 $N(0, 1)$ 是一种特殊的正态分布曲线，以及标准正态总体在任一区间 (a, b) 内取值概率。标准正态分布曲线下面积分布规律是：在 -1.96～+1.96 范围内曲线下的面积等于 0.9500，在 -2.58～+2.58 范围内曲线下面积为 0.9900。标准正态分布具有正态分布的所有特征。所有正态分布都可以通过 Z 分数公式转换成标准正态分布。两者特点比较：

（1）正态分布的形式是对称的，对称轴是经过平均数点的垂线。

（2）中央点最高，然后逐渐向两侧下降，曲线的形式是先向内弯，再向外弯。

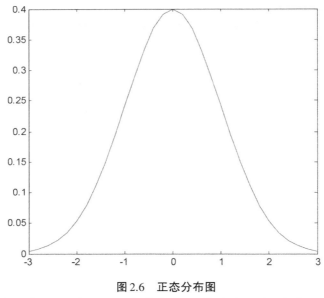

图 2.6　正态分布图

（3）正态曲线下的面积为 1。正态分布是一族分布，它随随机变量的平均数、标准差的大小与单位不同而有不同的分布形态。标准正态分布是正态分布的一种，其平均数和标准差都是固定的，平均数为 0，标准差为 1。

（4）正态分布曲线下标准差与概率面积有固定数量关系。所有正态分布都可以通过 Z 分数公式转换成标准正态分布。

2.3.6　极限定理

　　极限定律是概率论的基本定律之一，在概率论和数理统计的理论研究和实际应用中都具有重要意义。在极限定律中，最重要的是大数定律和中心极限定律。

1. 大数定律

大数定律是一种描述当试验次数很大时所呈现的概率性质的定律。在随机事件的大量重复出现中，往往呈现几乎必然的规律，这个规律就是大数定律[15]。通俗地说，这个定理就是说，在试验条件不变的情况下，重复试验多次，随机事件的频率近似于它的概率，即偶然中包含着某种必然。其原因是，在大量的观察试验中，个别的、偶然的因素影响而产生的差异将会相互抵消，从而使现象的必然规律性显示出来。例如，观察个别或少数家庭的婴儿出生情况，发现有的生男，有的生女，没有一定的规律性，但是通过大量的观察就会发现，男婴和女婴占婴儿总数的比重均会趋于50%。大数定律有若干个表现形式，这里仅介绍常用的三个重要定律：

（1）切比雪夫大数定理

设x_1，x_2，$\cdots$，x_n，$\cdots$是一列相互独立的随机变量（或两两不相关），它们分别存在期望$E(x_k)$和方差$D(x_k)$。若存在常数C使得：$D(x_k) \leq C(k=1,2,\cdots,n)$

则对任意小的正数ε，满足公式

$$\lim_{n \to \infty} P\left\{ \left| \frac{1}{n} \sum_{k=1}^{n} x_k - \frac{1}{n} \sum_{k=1}^{n} E(x_k) \right| < \varepsilon \right\} = 1 \tag{2.36}$$

将该公式应用于抽样调查，就会有如下结论：随着样本容量n的增加，样本平均数将接近于总体平均数。切比雪夫大数定理为统计推断中依据样本平均数估计总体平均数提供了理论依据。

（2）伯努利大数定律

设μ是n次独立试验中事件A发生的次数，且事件A在每次试验中发生的概率为P，则对任意正数ε，有

$$\lim_{n \to \infty} P\left(\left| \frac{\mu_n}{n} - p \right| < \varepsilon \right) = 1 \tag{2.37}$$

该定律是切比雪夫大数定律的特例，其含义是，当n足够大时，事件A出现的频率将几乎接近于其发生的概率，即频率的稳定性。

（3）辛钦大数定律

设$\{a_i, i \geq 1\}$为独立同分布的随机变量序列，若a_i的数学期望存在，则服从大数定律：即对任意的$\varepsilon > 0$，有

$$\lim_{n \to \infty} P\left(\left| \frac{1}{n} \sum_{i=1}^{n} a_i - \mu \right| < \varepsilon \right) = 1 \tag{2.38}$$

2.中心极限定律

大数定律揭示了大量随机变量的平均结果，但没有涉及随机变量的分布问题。而中心极限定理说明的是，在一定条件下，大量独立随机变量的平均数是以正态分布为极限的。中心极限定理是概率论中最著名的结果之一。它提出，大量的独立随机变量之和具有近似于正态的分布。因此，它不仅提供了计算独立随机变量之和的近似概率的简单方法，而且有助于解释为什么有很多自然群体的经验频率呈现出钟形（即正态）曲线这一事实，因此中心极限定理这个结论使正态分布在数理统计中具有很重要的地位，也使正态分布有了广泛的应用。中心极限定理也有若干个表现形式，这里介绍其中两个常用定理：

（1）辛钦中心极限定理

设随机变量 x_1，x_2，…，x_n 相互独立，服从同一分布且有有限的数学期望 a 和方差 σ^2，则随机变量 $\bar{x} = \dfrac{\sum x_i}{n}$，在 n 无限增大时，服从参数为 a 和 $\dfrac{\sigma^2}{n}$ 的正态分布，即 $n \to \infty$ 时，$\bar{x} \to N\left(a, \dfrac{\sigma^2}{n}\right)$。

将该定理应用到抽样调查中，可得结论：如果抽样总体的数学期望 a 和方差 σ^2 是有限的，无论总体服从什么分布，从中抽取容量为 n 的样本时，只要 n 足够大，其样本平均数的分布就趋于数学期望为 a、方差为 $\dfrac{\sigma^2}{n}$ 的正态分布。

（2）德莫佛-拉普拉斯中心极限定理

设 μ_n 是 n 次独立试验中事件 A 发生的次数，事件 A 在每次试验中发生的概率为 P，则当 n 无限大时，频率设 $\dfrac{\mu_n}{n}$ 趋于服从参数为 p、$\dfrac{p(1-p)}{n}$ 的正态分布。即：

$$\frac{\mu_n}{n} \to N\left[p, \frac{p(1-p)}{n}\right]$$

该定理是辛钦中心极限定理的特例。在抽样调查中，不论总体服从什么分布，只要 n 充分大，那么频率就近似服从正态分布。

2.3.7　四分位数

1.定义

分位数根据其将数列等分的形式不同可以分为中位数、四分位数、十分位数、百分位数等等。四分位数作为分位数的一种形式，在统计中有着十分重要的意义和作用。人们经常会将数据划分为4个部分，每一个部分大约包含有1/4即25%的数据项。这种划分的临界点即为四分位数[16]。它们定义如下：

Q_1=第1四分位数，即第25百分位数；

Q_2=第2四分位数，即第50百分位数；

Q_3=第3四分位数，即第75百分位数。

2. 四分位数位置的确定

方法一：

先将变量值从小到大排列。

第一四分位数（Q_1）（又称"下四分位数"）位置的确定：

（1）首先计算$\frac{n}{4}$。

（2）如果$\frac{n}{4}$为整数，则下四分位数位于$\frac{n}{4}$的位置和$\frac{n}{4}+1$位置的中间。

（3）如果$\frac{n}{4}$不是整数，则向上取整，所得结果即为下四分位数的位置。

第二四分位数（Q_2）（又称"中位数"）位置的确定：

第二四分位数（Q_2）（又称"中位数"）位置在$\frac{n+1}{2}$处。

第三四分位数（Q_3）（又称"上四分位数"）位置的确定：

（1）首先计算$\frac{3n}{4}$。

（2）如果$\frac{3n}{4}$为整数，则上四分位数位于$\frac{3n}{4}$的位置和$\frac{3n}{4}+1$位置的中间。

（3）如果$\frac{3n}{4}$不是整数，则向上取整，所得结果即为上四分位数的位置。

方法二：

先将变量值从小到大排列。

第一四分位数（Q_1）（又称"下四分位数"）位置的确定：

位置：$\frac{n+1}{4}$。

第二四分位数（Q_2）（又称"中位数"）位置的确定：

位置：$\frac{n+1}{2}$处。

第三四分位数（Q_3）（又称"上四分位数"）位置的确定：

位置：$\frac{3(n+1)}{4}$。

方法三（适用于定序数据）：

第一四分位数（Q_1）（又称"下四分位数"）位置的确定：

位置：$\frac{n}{4}$。

第二四分位数（Q_2）（又称"中位数"）位置的确定：

位置：$\frac{n}{2}$处。

第三四分位数（Q_3）（又称"上四分位数"）位置的确定：

位置：$\frac{3n}{4}$。

3.四分位数的确定

方法一：

先将变量值从小到大排列。

第一四分位数（Q_1）（又称"下四分位数"）的确定：

（1）首先计算$\frac{n}{4}$。

（2）如果$\frac{n}{4}$为整数，则将$\frac{n}{4}$的位置和$\frac{n}{4}+1$位置上的两个变量值的算术平均数作为下四分位数。

（3）如果$\frac{n}{4}$不是整数，则向上取整，所得结果即为下四分位数的位置，该位置上的数即为下四分位数。

第二四分位数（Q_2）（又称"中位数"）的确定：

（1）如果$\frac{n+1}{2}$为整数，则该位置上的变量值即是中位数。

（2）如果$\frac{n+1}{2}$不是整数，则该位置上旁边的两个变量值的算术平均数作为中位数。

第三四分位数（Q_3）（又称"上四分位数"）的确定：

（1）首先计算$\frac{3n}{4}$。

（2）如果$\frac{3n}{4}$为整数，则将位于$\frac{3n}{4}$位置上的数值和$\frac{3n}{4}+1$位置上的两个变量值的算术平均数作为上四分位数。

（3）如果$\frac{3n}{4}$不是整数，则向上取整，所得结果即为上四分位数的位置，该位置上的数即为上四分位数。

方法二：

先将变量值从小到大排列。

第一四分位数（Q_1）（又称"下四分位数"）的确定：

（1）如果$\frac{n+1}{4}$为整数，则该位置上的变量值即是下四分位数。

（2）如果$\frac{n+1}{4}$不是整数，则该位置上旁边的两个变量值的算术平均数作为下四分位数。

第二四分位数（Q_2）（又称"中位数"）的确定：

（1）如果$\frac{n+1}{2}$为整数，则该位置上的变量值即是中位数。

（2）如果$\frac{n+1}{2}$不是整数，则该位置上旁边的两个变量值的算术平均数作为中位数。

第三四分位数（Q_3）（又称"上四分位数"）的确定：

（1）如果$\frac{3(n+1)}{4}$为整数，则该位置上的变量值即是上四分位数。

（2）如果$\frac{3(n+1)}{4}$不是整数，则该位置上旁边的两个变量值的算术平均数作为上四分位数。

方法三（适用于定序数据）：

第一四分位数（Q_1）（又称"下四分位数"）的确定：

（1）如果$\frac{n}{4}$为整数，则该位置上的顺序数据即是下四分位数。

（2）如果$\frac{n}{4}$不是整数，则向上取整，所得结果即为下四分位数的位置，该位置上的顺序数据即为下四分位数。

第二四分位数（Q_2）（又称"中位数"）的确定：

（1）如果$\frac{2n}{4}$为整数，则该位置上的顺序数据即是第二四分位数。

（2）如果$\frac{2n}{4}$不是整数，则向上取整，所得结果即为第二四分位数的位置，该位置上的顺序数据即为第二四分位数。

第三四分位数（Q_3）（又称"上四分位数"）的确定：

（1）如果$\frac{3n}{4}$为整数，则该位置上的顺序数据即是上四分位数。

（2）如果$\frac{3n}{4}$不是整数，则向上取整，所得结果即为上四分位数的位置，该位置上的顺序数据即为上四分位数。

方法四（比例法）：

（1）第一四分位数（Q_1）（又称"下四分位数"）的确定。

①先根据$\frac{n+1}{4}$计算出下四分位数的位置；

②再按比例计算出下四分位数。

下四分位数=下四分位数的位置前项变量值+（下四分位数的位置后项变量值–下四分位数的位置前项变量值），即$\frac{n+1}{4}$的小数部分的数值。

（2）第二四分位数(Q_2)（又称"中位数"）的确定。

①先根据$\frac{2(n+1)}{4}$计算出第二四分位数的位置；

②再按比例计算出下四分位数。

第二四分位数=第二四分位数的位置前项变量值+（第二四分位数的位置后项变量值–第二四分位数的位置前项变量值），即$\frac{2(n+1)}{4}$的小数部分的数值。

（3）第三四分位数(Q_3)（又称"上四分位数"）的确定：

①先根据$\frac{3(n+1)}{4}$计算出第二四分位数的位置；

②再按比例计算出下四分位数。

第三四分位数=第三四分位数的位置前项变量值+（第三四分位数的位置后项变量值–第三四分位数的位置前项变量值），即$\frac{3(n+1)}{4}$的小数部分的数值。

2.3.8 协方差

在概率论和统计学中，协方差用于衡量两个变量的总体误差。而方差是协方差的一种特殊情况，即当两个变量是相同的情况[17]。

期望值分别为$E(X)=\mu$与$E(Y)=\nu$的两个实数随机变量X与Y之间的协方差定义为：

$$cov(X,Y)=E\big[(X-\mu)(Y-\nu)\big] \tag{2.39}$$

其中，E是期望值。它也可以表示为：

$$cov(X,Y)=E(X \cdot Y)-\mu\nu \tag{2.40}$$

直观上来看，协方差表示的是两个变量总体的误差，这与只表示一个变量误差的方差不同。如果两个变量的变化趋势一致，也就是说如果其中一个大于自身的期望值，另外一个也大于自身的期望值，那么两个变量之间的协方差就是正值。如果两个变量的变化趋势相反，即其中一个大于自身的期望值，另外一个却小于自身的期望值，那么两个变量之间的协方差就是负值。如果X与Y是统计独立的，那么二者之间的协方差就是0。这是因为$E(X \cdot Y)=E(X) \cdot E(Y)=\mu\nu$，但是，反过来并不成立。即如果$X$与$Y$的协方差为0，二者并不一定是统计独立的。协方差$cov(X,Y)$的度量单位是$X$的协方差乘以$Y$的协方差，取决于协方差的相关性，是一个衡量线性独立的无量纲的数。方差为0的两个随机变量称为是不相关的。

2.3.9　行列式

行列式在数学中，是一个函数，其定义域为det的矩阵A，取值为一个标量，写作$det(A)$或$|A|$。行列式可以看作是有向面积或体积的概念在一般的欧几里得空间中的推广，或者说，在n维欧几里得空间中，行列式描述的是一个线性变换对"体积"所造成的影响。

常用的数据集通常可采用矩阵的方式进行存储及运算。通常矩阵的每一行表示一个数据点，每一列表示一个数据点的一个属性。而行列式是刻画矩阵的一个指标，因此作为一个数据处理的工作者应熟悉行列式的数学运算并能熟练地对行列式进行操作。

n阶行列式的定义为：

$$\begin{vmatrix} a_{11} & a_{12} & \cdots & a_{1n} \\ a_{21} & a_{22} & \cdots & a_{2n} \\ \cdots & \cdots & a_{ij} & \cdots \\ a_{n1} & a_{n2} & \cdots & a_{nn} \end{vmatrix}$$

上式即叫作n阶行列式，其中a_{ij}表示行列式中第i行第j列上的元素，即第一下标表示行数，第二下标表示列数，如a_{24}表示第2行第4列上的元素。下面介绍二、三阶行列式的展开方法以及应用。

二阶行列式及其展开式为：

$$\begin{vmatrix} a_{11} & a_{12} \\ a_{21} & a_{22} \end{vmatrix}=a_{11}a_{22}-a_{12}a_{21}$$

三阶行列式及其展开式为：

$$\begin{bmatrix} a_{11} & a_{12} & a_{13} \\ a_{21} & a_{22} & a_{23} \\ a_{31} & a_{32} & a_{33} \end{bmatrix}$$

$$=a_{11}a_{22}a_{33}+a_{12}a_{23}a_{31}+a_{13}a_{32}a_{21}-a_{13}a_{22}a_{31}-a_{12}a_{21}a_{33}-a_{11}a_{32}a_{23}$$

行列式的性质有：

① 行列式A中某行（或列）用同一数k乘，其结果等于kA；

② 行列式A等于其转置行列式A^{T}（A^{T}的第i行为A的第i列）；

③　行列式A中两行（或列）互换，其结果等于$-A$；

④　把行列式A的某行（或列）中各元同乘一数后加到另一行（或列）中各对应元上，结果仍然是A[18]。

2.4　数据预处理

2.4.1　概述

数据预处理（data preprocessing）是指在对数据进行数据挖掘主要的处理以前，先对原始数据进行必要的清洗、集成、转换、离散和归约等等一系列的处理工作，以达到挖掘算法进行知识获取研究所要求的最低规范和标准。

现实世界的数据库往往易受噪声、丢失数据和不一致数据的侵扰，因为数据库太大，并且多半来自多个异构数据源。低质量的数据将导致低质量的挖掘结果。这就需要进行数据预处理，从而提高数据质量，进而提高挖掘结果的质量。数据挖掘与知识发现过程中的第一个步骤就是数据预处理。统计发现，在数据挖掘与知识发现的过程中，数据预处理占到了整个工作量的60%。因为现实世界的数据往往是不完整的、含噪声的和不一致的，数据预处理能有效提高数据质量，为数据挖掘内核提供更有针对性的可用数据，不仅可以节约大量的时间和空间，而且得到的挖掘结果能更好地起到决策和预测作用。

高质量的决策来自高质量的数据，因而数据预处理是整个数据挖掘与知识发现过程中的一个重要步骤。要使挖掘内核更有效地挖掘出知识，就必须为它提供干净、准确、简洁的数据。数据预处理就是以发现任务作为目标，以领域知识作为指导，摒弃一些与挖掘目标不相关的属性，为数据挖掘内核提供干净、准确、更有针对性的数据，从而减少挖掘内核的数据处理量，提高挖掘效率，提高知识发现的起点和知识的准确度。

数据预处理的常规方法[19]：

数据清理（data cleaning）处理历程通常包括：填补遗漏的数据值、平滑有噪声的数据、识别或除去异常值，以及解决不一致问题。

数据集成（data integration）就是将来自多个数据源的数据合并到一起，形成一致的数据存储，如将不同数据库中的数据集成入一个数据仓库中存储。之后，有时还需要进行数据清理以便消除可能存在的数据冗余。

数据变换（data transformation）主要是将数据转换成适合于挖掘的形式，如将属性数据按比例缩放，使之落入一个比较小的特定区间。这一点对那些基于距离的挖掘算法尤为重要。数据变换包括平滑处理、聚集处理、数据泛化处理、规格化、属性构造。

数据归约（data reduction）是在不影响挖掘结果的前提下，通过数值聚集、删除冗余特性的办法压缩数据，提高挖掘模式的质量，降低时间复杂度。

实际的数据预处理过程中，这4种功能不一定都用得到，而且，它们的使用也没有先后顺序，某种预处理可能先后要多次进行。从数据预处理所采用的技术和方法来分有：基本粗集理论的简约方法；复共线性数据预处理方法；基于Hash函数取样的数据预处理方法；基于遗传算法的数据预处理方法；基于神经网络的数据预处理方法；Web挖掘的数据预处理方法等等。在数据挖掘整体过程中，海量的原始数据中存在着大量复杂的、重复的、不完整的数据，严重影响到数据挖掘算法的执行效率，甚至可能导致挖掘结果的偏差，为此，在数据挖掘算法执行之前，必须对收集到的原始数据进行预处理，以改进数据的质量，提高数据挖掘过程的效率、精度、性能。

2.4.2 缺失值补充

缺失值是指粗糙数据中由于缺少信息而造成的数据的聚类、分组、删失或截断。它指的是现有数据集中某个或某些属性的值是不完全的。数据挖掘所面对的数据不是特地为某个挖掘目的收集的，所以可能与分析相关的属性并未收集（或某段时间以后才开始收集），这类属性的缺失不能用缺失值的处理方法进行处理，因为它们未提供任何不完全数据的信息，它和缺失某些属性的值有着本质的区别。

在现实数据库的数据挖掘过程中，由于数据挖掘的数据对象集合受各种条件限制，经常发生属性值缺失的情况。多方面的原因造成了属性值缺失，在实际中输入某些数据信息时，主观上会认为不重要，因此就没有包含在数据库中；还有些数据可能是由于数据采集或存储设备发生故障而没有相关记录，或者是因为理解错误而缺少记录；也可能是忽略了历史记录或修改的数据。

1.缺失值的类型

从缺失的分布来讲缺失值可以分为完全随机缺失、随机缺失和完全非随机缺失。完全随机缺失（Missing Completely at Random，MCAR）指的是数据的缺失是随机的，数据的缺失不依赖于任何不完全变量或完全变量。随机缺失（Missing at Random，MAR）指的是数据的缺失不是完全随机的，即该类数据的缺失依赖于其他完全变量。完全非随机缺失（Missing not at Random，MNAR）指的是数据的缺失依赖于不完全变量自身。

从缺失值的所属属性上讲，如果所有的缺失值都是同一属性，那么这种缺失称为单值缺失，如果缺失值属于不同的属性，称为任意缺失。另外，对于时间序列类的数据，可能存在随着时间的缺失，这种缺失称为单调缺失。

2. 缺失值的处理方法

对于缺失值的处理，从总体上来说分为删除存在缺失值的个案和缺失值插补。对于主观数据，人将影响数据的真实性，存在缺失值的样本的其他属性的真实值不能保证，那么依赖于这些属性值的插补也是不可靠的，所以对于主观数据一般不推荐插补的方法。插补主要是针对客观数据，它的可靠性有保证。

（1）删除含有缺失值的个案

主要有简单删除法和权重法。简单删除法是对缺失值进行处理的最原始方法。它将存在缺失值的个案删除。如果数据缺失问题可以通过简单地删除小部分样本来达到目标，那么这个方法是最有效的。当缺失值的类型为非完全随机缺失的时候，可以通过对完整的数据加权来减小偏差。把数据不完全的个案标记后，将完整的数据个案赋予不同的权重，个案的权重可以通过logistic或probit回归求得。如果解释变量中存在对权重估计起决定性因素的变量，那么这种方法可以有效减小偏差。如果解释变量和权重并不相关，它并不能减小偏差。对于存在多个属性缺失的情况，就需要对不同属性的缺失组合赋予不同的权重，这将大大增加计算的难度，降低预测的准确性，这时权重法并不理想。

（2）可能值插补缺失值

它的思想来源是以最可能的值来插补缺失值比全部删除不完全样本所产生的信息丢失要少。在数据挖掘中，面对的通常是大型的数据库，它的属性有几十个甚至几百个，因为一个属性值的缺失而放弃大量的其他属性值，这种删除是对信息的极大浪费，所以产生了以可能值对缺失值进行插补的思想与方法。常用的有如下几种方法。

①均值插补

数据的属性分为定距型和非定距型。如果缺失值是定距型的，就以该属性存在值的平均值来插补缺失的值；如果缺失值是非定距型的，就根据统计学中的众数原理，用该属性的众数（即出现频率最高的值）来补齐缺失的值。

②利用同类均值插补

利用同类均值插补与均值插补的方法都属于单值插补，不同的是，它用层次聚类模型预测缺失变量的类型，再以该类型的均值插补。假设$X=(X_1, X_2, \cdots, X_P)$为信息完全的变量，$Y$为存在缺失值的变量，那么首先对$X$或其子集进行聚类，然后按缺失个案所属类来插补不同类的均值。如果在以后统计分析中还需以引入的解释变量和Y做分析，那么这种插补方法将在模型中引入自相关，给分析造成障碍。

③极大似然估计（Max Likelihood，ML）

在缺失类型为随机缺失的条件下，假设模型对于完整的样本是正确的，那么通过观测数据的边际分布可以对未知参数进行极大似然估计（Little and Rubin）。这种方法也被称为忽略缺失值的极大似然估计，对于极大似然的参数估计实际中常采用的计算方法是期望值最大化（Expectation Maximization，EM）。该方法比删除个案和单值插补更有吸引力，它一个重要前提：适用于大样本。有效样本的数量足够以保证ML估计值是渐近无偏的并服从正态分布。但是这种方法可能会陷入局部极值，收敛速度也不是很快，并且计算很复杂。

④多重插补（Multiple Imputation，MI）

多重插补的思想来源于贝叶斯估计，认为待插补的值是随机的，它的值来自已观测到的值。具体实践上通常是估计出待插补的值，然后再加上不同的噪声，形成多组可选插补值。根据某种选择依据，选取最合适的插补值。

多重插补方法分为三个步骤：

Ⅰ.为每个空值产生一套可能的插补值，这些值反映了无响应模型的不确定性；每个值都可以被用来插补数据集中的缺失值，产生若干个完整数据集。

Ⅱ.每个插补数据集都用针对完整数据集的统计方法进行统计分析。

Ⅲ.对来自各个插补数据集的结果，根据评分函数进行选择，产生最终的插补值。

假设一组数据，包括三个变量Y_1，Y_2，Y_3，它们的联合分布为正态分布，将这组数据处理成三组；A组保持原始数据；B组仅缺失Y_3；C组缺失Y_1和Y_2。在多值插补时，对A组将不进行任何处理，对B组产生Y_3的一组估计值（作Y_3关于Y_1、Y_2的回归），对C组作产生Y_1和Y_2的一组成对估计值（作Y_1、Y_2关于Y_3的回归）。

当用多重插补时，对A组将不进行处理，对B、C组将完整的样本随机抽取形成为m组（m为可选择的m组插补值），每组个案数只要能够有效估计参数就可以了。对存在缺失值的属性的分布做出估计，然后基于这m组观测值，对这m组样本分别产生关于参数的m组估计值，给出相应的预测即可，这时采用的估计方法为极大似然法，在计算机中具体的实现算法为期望最大化法（EM）。对B组估计出一组Y_3的值，对C组将利用Y_1、Y_2、Y_3它们的联合分布为正态分布这一前提，估计出一组

(Y_1, Y_2)。

上例中假定了Y_1、Y_2、Y_3的联合分布为正态分布。这个假设是人为的，但是已经通过验证（Graham 和 Schafer 于 1999 年完成），非正态联合分布的变量，在这个假定下仍然可以估计到很接近真实值的结果。

多重插补和贝叶斯估计的思想是一致的，但是多重插补弥补了贝叶斯估计的几个不足：

①贝叶斯估计以极大似然的方法估计，极大似然的方法要求模型的形式必须准确，如果参数形式不正确，将得到错误的结论，即先验分布将影响后验分布的准确性。而多重插补所依据的是大样本渐近完整的数据的理论，在数据挖掘中的数据量都很大，先验分布将极小地影响结果，所以先验分布对结果的影响不大。

②贝叶斯估计仅要求知道未知参数的先验分布，没有利用与参数的关系。而多重插补对参数的联合分布做出了估计，利用了参数间的相互关系。

以上四种插补方法，对于缺失值的类型为随机缺失的插补很好的效果。两种均值插补方法是最容易实现的，也是以前人们经常使用的，但是它对样本存在极大的干扰，尤其是当插补后的值作为解释变量进行回归时，参数的估计值与真实值的偏差很大。相比较而言，极大似然估计和多重插补是两种比较好的插补方法，与多重插补对比，极大似然估计缺少不确定成分，所以越来越多的人倾向于使用多重插补方法。

2.4.3　噪声数据处理

噪声数据是指数据中存在着错误或异常（偏离期望值）的数据；不完整数据是指感兴趣的属性没有值；不一致数据则是数据内涵出现不一致的情况。噪声数据（noisy data）就是无意义的数据（meaningless data）。这个词通常作为损坏数据（corrupt data）的同义词使用。但是，现在它的意义已经扩展到包含所有难以被机器正确理解和翻译的数据，如非结构化文本。任何不可被创造它的源程序读取和运用的数据，不管是已经接收的、存储的还是改变的，都被称为噪声数据。噪声数据未必增加了需要的存储空间容量，相反地，它可能会影响所有数据挖掘（data mining）分析的结果，统计分析可以运用历史数据中收集的信息来清除噪声数据从而促进数据挖掘。

产生噪声数据的原因可能是硬件故障、编程错误或者语音或光学字符识别程序（OCR）中的乱码。拼写错误、行业简称和俚语也会阻碍机器读取。

噪声数据处理是数据处理的一个重要环节，在对有噪声数据的数据集进行处理的过程中，现有的方法通常是找到这些孤立于其他数据的记录并删除掉，其缺点是事实上通常只有一个属性上的数据需要删除或修正，将整条记录删除将丢失大量有用的、干净的信息。在数据仓库技术中，通常数据处理过程应用在数据仓库之前，其目的是提高数据的质量，使后继的联机处理分析（OLAP）和数据挖掘应用得到尽可能正确的结果。然而，这个过程也可以反过来，即利用数据挖掘的一些技术来进行数据处理，提高数据质量。

近几年出现的一些新的聚类算法大多都具有异常点识别功能，一个好的聚类算法应该在发现正确的簇的同时检测出数据集中的异常点。

2.4.4 标准化

在进行数据分析之前，我们通常需要先将数据标准化（normalization），利用标准化后的数据进行数据分析。数据标准化也就是统计数据的指数化。数据标准化处理主要包括数据同趋化处理和无量纲化处理两个方面。数据同趋化处理主要解决不同性质的数据问题，对不同性质指标直接加总不能正确反映不同作用力的综合结果，须先考虑改变逆指标数据性质，使所有指标对测评方案的作用力同趋化，再加总才能得出正确结果。数据无量纲化处理主要解决数据的可比性。数据标准化的方法有很多种，常用的有"Min-Max 标准化""Z-score 标准化"和"按小数定标标准化"等。经过上述标准化处理，原始数据均转换为无量纲化指标测评值，即各指标值都处于同一个数量级别上，可以进行综合测评分析。

1.Min-Max 标准化（Min-Max normalization）

Min-Max 标准化也称离差标准化，是对原始数据的线性变换，使结果落到 [0,1] 区间，转换函数如下：

$$y_i = \frac{x_i - \min\{x_j\}}{\max\{x_j\} - \min\{x_j\}} \quad (1 \leqslant i \leqslant n, 1 \leqslant j \leqslant n) \tag{2.41}$$

其中 $\max\{x_j\}$ 为样本数据的最大值，$\min\{x_j\}$ 为样本数据的最小值。这种方法有一个缺陷就是当有新数据加入时，可能导致最大值和最小值的变化，需要重新定义。

2.Z-score 标准化（zero-mean normalization）

Z-score 标准化也叫标准差标准化，经过处理的数据符合标准正态分布，即均值为 0、标准差为 1，其转化函数为：

$$y_i = \frac{x_i - \bar{x}}{s} \quad (1 \leqslant i \leqslant n) \tag{2.42}$$

其中 $\bar{x}$ 为所有样本数据的均值，s 为所有样本数据的标准差。

经过Z-score标准化后，各变量将有约一半观察值的数值小于0，另一半观察值的数值大于0，变量的平均数为0，标准差为1。经标准化的数据都是没有单位的纯数量。它是当前用得最多的数据标准化方法。如果特征非常稀疏，并且有大量的0（现实应用中很多特征都具有这个特点），Z-score标准化的过程几乎就是一个除0的过程，结果不可预料。

3. 归一标准化

归一标准化的转化函数为：

$$y_i = \frac{x_i}{\sum_1^n x_i^2} \quad (1 \leqslant i \leqslant n) \tag{2.43}$$

则新序列y_1，y_2，$\cdots$，$y_n \in [0,1]$且无量纲并且显然有$\sum_1^n y_i = 1$。

归一化方法在确定权重时经常用到。针对实际情况，也可能有其他一些量化方法，或者要综合使用多种方法，总之最后的结果都是无量纲化。

4. arctan 函数标准化

通过三角函数中的反正切函数也可以实现数据的标准化转换，具体公式模型如下：

$$X = \frac{\arctan(x) \times 2}{\pi} \tag{2.44}$$

使用这个方法需要注意的是如果想映射的区间为$[0,1]$，则数据都应该大于等于0，小于0的数据将被映射到$[-1,0]$区间上。

2.5　数据可视化

数据可视化是关于数据视觉表现形式的科学技术研究，主要借助图形化手段，清晰有效地传达与沟通信息。Google首席经济学家、UC Berkeley大学Hal Varian教授指出："数据正在变得无处不在、触手可及；而数据创造的真正价值，在于我们提供进一步的稀缺的附加服务。这种增值服务就是数据分析。"[20] 数据可视化是一个处于不断演变之中的概念，其边界在不断地扩大，主要指的是技术上较为高级的技术方法，而这些技术方法允许利用图形、图像处理、计算机视觉以及用户界面，通过表达、建模以及对立体、表面、属性以及动画的显示，对数据加以可视化解释。与立体建模之类的特殊技术方法相比，数据可视化所包括的技术方法要广泛得多。

数据可视化的特点有：多维性、交互性、可视性。其揭示了令人惊奇的模式和观察结果，是不可能通过简单统计就能显而易见看到的模式和结论。在某种意义上，恰当的可视化标识可以提供较短的路线，帮助指导决策，成为通过数据分析传递信息的一种重要工具。国内的数据可视化工具有：BDP商业数据平台-个人版；大数据魔镜；数据观；FineBI商业智能软件等。

图表是传统的数据可视化的常用手段，其中又以基本图表——柱状图、折线图、饼状图等最为常用。现代的数据可视化面对复杂或大规模异型数据集，比如：商业分析、财务报表、人口状况分布、媒体效果反馈和用户行为数据等，数据可视化要处理的状况会很复杂，其中可以用编程语言来写自己的可视化系统是：Python、Matlab等。

本节将介绍一些在数据挖掘中常用的基本可视化形式。

2.5.1 散点图(Scatter Chart)

散点图表示因变量随自变量而变化的大致趋势，还可以根据相应的散点图选择合适的函数对数据点进行拟合。在回归分析中，散点图表示数据点在直角坐标系平面上的数据分布图。常用的有二维散点图和三维散点图。

二维散点图是由两组数据构成的多个坐标点，通过观察数据点的分布，能够大致判断两变量之间是否存在某种相关关系或得出数据点的分布模式。如图2.7所示的二维散点图，x和y的值组成数据点，在图中的位置表示数据分布情况。其中，不同颜色代表不同的类别。

散点图可以提供两个关键信息：（1）变量之间是否存在相关关系，如果存在，是线性的还是曲线的；（2）能够检测到异常点，图中如果有某一个点或者某几个点偏离大多数点，那么，这些点就是异常点。

三维散点图就是在由三个变量确定的三维空间中研究变量之间的关系，由于同时考虑了三个变量，常常可以发现在两维图形中发现不了的信息。

即便自变量为连续性变量，仍然可以使用散点图。也就是说散点图通过散点的疏密程度和变化趋势表示两个连续变量的数量关系。不仅如此，如果有三个变量，并且自变量为分类变量，散点图通过对点的形状或者点的颜色来区分，即可了解这些变量之间的关系。如果所有的变量为连续性变量，还可以在许多统计软件中绘制高维散点图。如果把一些个案也就是同一个自变量的点连接起来，就成为了线图，也就是表示因变量指标是上升的还是下降的。

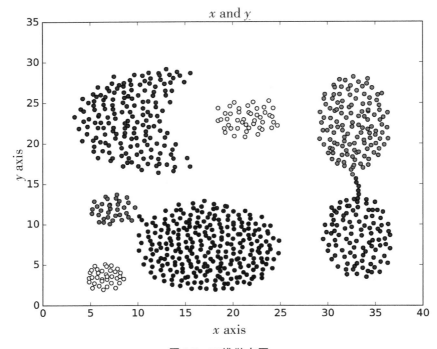

图 2.7　二维散点图

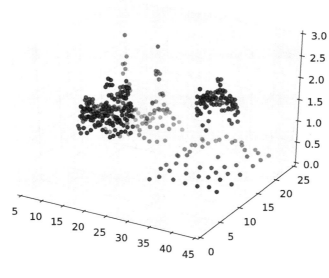

图 2.8　三维散点图

2.5.2 折线图(Line Chart)

折线图是反映数据变化趋势的一种表达方式，是将纵坐标值按横坐标值由小到大的顺序用直线连接起的图。它可以显示因变量随自变量变化而变化的连续数据，因此非常适用于显示和横坐标变量相等间隔下数据的趋势。

折线图适合二维的数据集，尤其是那些趋势比单个数据点更重要的场合。在折线图中，类别数据沿水平轴均匀分布，所有数据值沿垂直轴均匀分布。如果分类标签是文本并且代表均匀分布的数值（如天、月或年度变化），则应该使用折线图。

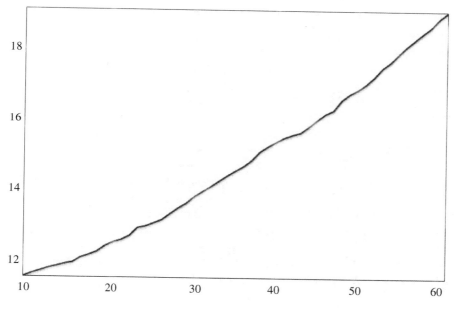

图2.9 折线图

折线图对于多个二维的数据集比较，效果更加一目了然。当有多个目标比较时，尤其适合使用折线图。如果有几个均匀分布的数值标签（比如：年），也应该使用折线图。如果拥有的数值标签多于十个，用散点图相对清楚些。另外，折线图是支持多数据进行对比的。

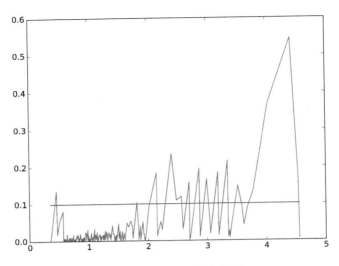

图2.10　多目标比较折线图

图2.10是两个二维数据集（compound中数据点密度和数据点之间距离的均值）的折线图。

2.5.3　柱状图（Bar Chart）

柱状图，是一种以长方形的长度为变量的表达图形的统计报告图，由一系列高度不等的纵向条纹表示数据分布的情况，它的适用场合是二维数据集（每个数据点包括两个值x和y），但只有一个维度需要比较。用来比较两个或以上的价值（不同时间或者不同条件），只有一个变量，通常用于较小的数据集分析。柱状图亦可横向排列，或用多维方式表达。

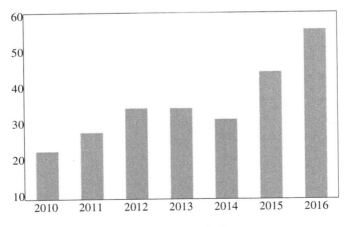

图2.11　年产量柱状图

如图2.11所示，年产量数据，"年份"和"产量"就是它的两个维度，但只需要比较"产量"这一个维度。柱状图利用柱子的高度反映数据的差异。肉眼对高度差异很敏感，辨识效果非常好。

　　一般地，柱状图的 x 轴表示时间，人们习惯性认为存在时间趋势。如果遇到 x 轴不表示时间的情况，建议用颜色区分每根柱子，改变人们对时间趋势的关注。

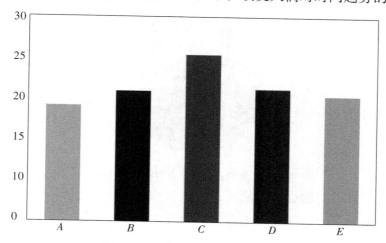

图 2.12　某班级值日小组评比结果图

　　图 2.12 是某班级值日小组在某个年度的评比结果，x 轴代表不同小组，y 轴代表所得分数。

2.5.4　饼状图(Pie Chart)

　　饼状图，常用于统计学模块。饼状图显示一个数据集中各项的大小与各项总和的比例，显示为整个饼状图的百分比。饼状图常用于市场份额分析、占有率分析等场合，能非常直观地表达出每一块区域的比重大小。2D 饼状图为圆形，手画时，常用圆规作图。Excel 作图更加方便直观，易于表示。排列在工作表的一列或一行中的数据可以绘制到饼状图中。饼状图中的数据点指的是在图表中绘制的单个值，这些值由条形图、柱形图、折线图、饼状图或圆环图的扇面、圆点和其他被称为数据标记的图形表示。相同颜色的数据标记为一样。

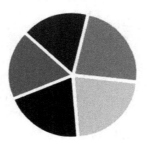

图 2.13　五种不同品牌手机所占市场比例图

图2.13中，饼状图的五个色块的面积排序，不容易看出来。换成柱状图，就容易多了。一般情况下，总是会用柱状图替代饼状图。但是有一个例外，就是反映某个部分占整体的比重，比如贫穷人口占总人口的百分比。

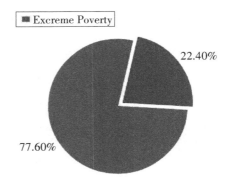

图2.14 贫穷人口占总人口的百分比图

如果用三维饼图，能更清晰地表达效果，如图2.14，还可以单独把要展示的那块拉出来。其显示每一数值相对于总数值的大小，同时强调每个数值。由于不能单独移动分离型饼状图的扇面，用户可以考虑改用饼状图或三维饼状图。这样就可以手动拖出扇面了。

2.5.5 气泡图(Bubble Chart)

气泡图是散点图的一种变体，通过每个点的面积大小，反映第三维。排列在工作表的列中的数据（第一列中列出 x 值，在相邻列中列出相应的 y 值和气泡大小的值）可以绘制在气泡图中。气泡图与散点图相似，不同之处在于，气泡图允许在图表中额外加入一个表示大小的变量。

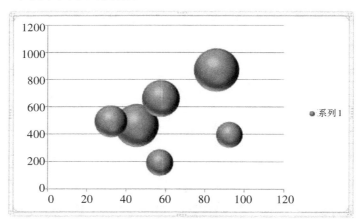

图2.15 数据点气泡图

图2.15是6个数据点的气泡图，三个维度分别为横坐标、纵坐标、点密度。点的

面积越大，就代表密度越大。因为用户不善于判断面积大小，所以气泡图只适用于不要求精确辨识第三维的场合。

如果为气泡加上不同颜色（或文字标签），气泡图就可用来表达四维数据。在这里不做详细介绍。

2.5.6　小结

各种常用的可视化形式所用到的维度及需要注意的事项总结如表2.4所示。

表2.4　可视化形式总结一览表

图表	维度	注意事项
散点图	二维或三维	有两个维度可以比较
折线图	二维	适用于比较大的数据集
柱状图	二维	只需要比较其中的一维
饼状图	二维或三维	可以反映部分与整体的关系
气泡图	三维或四维	其中只有两维能精确地辨识

2.6　常用软件工具

数据科学融合了多门学科并且建立在这些学科的理论和技术之上，这些学科包括数学、概率模型、统计学、机器学习、数据仓库、可视化等。在实际应用中，数据科学包括数据的收集、清洗、分析、可视化以及数据应用整个迭代过程，最终帮助组织制定正确的发展决策。数据科学的从业者称为数据科学家。数据科学家有其独特的基本思路与常用工具，数据挖掘的最终实现形式是用相关软件将已经编好的算法程序运行出结果。

2.6.1　SPSS

1. 简介

SPSS是社会科学统计软件包（Statistical Package for the Social Science）的简称，是一种集成化的计算机数据处理应用软件，是世界上最早采用图形菜单驱动界面的统计软件。目前，世界上最著名的数据分析软件是SAS和SPSS。SAS为专业统计分析人员设计使用，功能强大，灵活多样。而SPSS是为广大的非专业人士以及一些专业人士设计的，操作简单，好学易懂，简单实用，同时也适合于学生学习。其主要应用于社会科学研究领域，包括银行、保险、通信、制造、医疗、商业、市场研究、教育和科学研究等行业和领域。

它最突出的特点有如下几方面：

（1）操作界面极为友好，布局合理，操作简单。它将几乎所有的功能都以统一、规范的界面展现出来，使用 Windows 的窗口方式展示各种管理和分析数据方法的功能，对话框展示出各种功能选择项。大部分统计分析过程只需借助鼠标即可完成。

（2）功能强大，可以进行数据录入、数据编辑、数据管理、统计分析、报表制作和绘制图形等操作。用户只要掌握一定的 Windows 操作技能，精通统计分析原理即可。

（3）具有完善的数据转换接口，可以方便地与其他应用程序进行数据共享和交换，一般专用的 SPO 格式，也可以转存为 HTML 格式和文本格式。

（4）提供强大的程序编辑能力和二次开发能力，可满足用户完成更为复杂的统计分析任务需求。

（5）具有强大的图表绘制和编辑功能，输出报告形式灵活，图形美观大方。

SPSS 统计分析过程包括描述性统计、均值比较、一般线性模型、相关分析、回归分析、对数线性模型、聚类分析、数据简化、生存分析、时间序列分析、多重响应等几大类，每类中又分好几个统计过程，比如回归分析中又分线性回归分析、曲线估计、Logistic 回归、Probit 回归、加权估计、两阶段最小二乘法、非线性回归等多个统计过程，而且每个过程中又允许用户选择不同的方法及参数。SPSS 也有专门的绘图系统，可以根据数据绘制各种图形。

SPSS 还有一个特点是，很难与一般办公软件如 Office 或是 WPS 直接兼容，不能用 Excel 等常用表格处理软件直接打开的话，通常采用拷贝、粘贴的方式加以交互。

2. 数据存储

SPSS 采用类似 Excel 的二维电子表格来存储和展示数据，每一行对应一个个案或记录，每一列对应一个变量。如图 2.16 所示。

目前，由于数据量比较大而且复杂，市场调研人员无法一个一个录入，通常一些公司会使用 Epi Data 软件做问卷录入，然后再将录入结果导入 SPSS 中，而互联网公司，使用数据库或 .CSV 格式文件，SPSS 默认读取的文件类型有 11 种，本节就读取 Excel 格式文件和文本文件进行介绍。

	ID号	性别	年龄	购买情况	变量
1	1	0	23	1	
2	2	0	43	2	
3	3	1	55	2	
4	4	0	12	1	
5	5	1	18	1	
6	6	1	27	1	
7	7	1	26	1	
8	8	0	35	2	
9	9	0	72	2	
10	10	1	38		

图2.16 数据存储图

（1）读取Excel格式文件

步骤：文件→打开→数据→Excel数据文件格式类型，读取Excel文件的界面流程如图2.17所示：

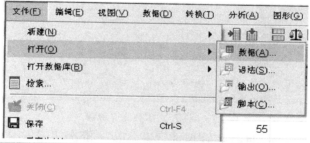

图2.17 读入Excel数据流程图

（2）读取文本格式文件

步骤：文件→检索→选中要打开的文本文件 →打开，进入文本导入向导，如图2.18所示。

图2.18　读入文本数据流程图

接下来，进入文本导入向导，读取向导共六步，依次如图2.19所示：

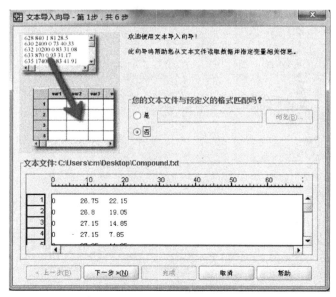

（a）第一步

图2.19　读入文本数据导向图

（b）第二步

（c）第三步

续图2.19 读入文本数据导向图

（d）第四步

（e）第五步

续图2.19　读入文本数据导向图

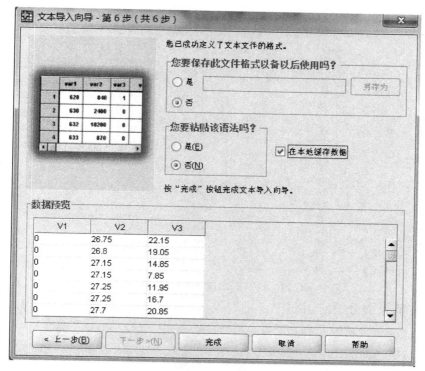

（f）第六步

续图2.19　读入文本数据导向图

最后，文本数据在SPSS中显示形式如图2.20所示：

	V1	V2	变量	变量	变量	变量	变量	变量
1	26.75	22.15						
2	26.80	19.05						
3	27.15	14.85						
4	27.15	7.85						
5	27.25	11.95						
6	27.25	16.70						
7	27.70	20.85						
8	28.20	13.95						
9	28.35	18.25						
10	28.00	9.75						
11	29.05	16.00						
12	29.15	8.10						
13	29.45	12.05						
14	29.80	22.15						
15	29.90	19.95						

图2.20　读入文本数据结果图

3. 聚类分析

步骤：分析→分类→k-均值聚类，打开k-均值聚类对话框，如图2.21所示。

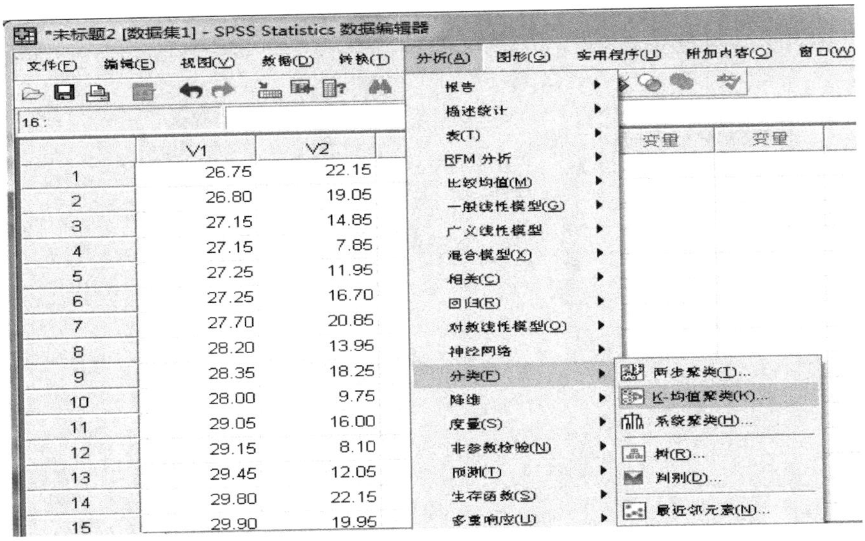

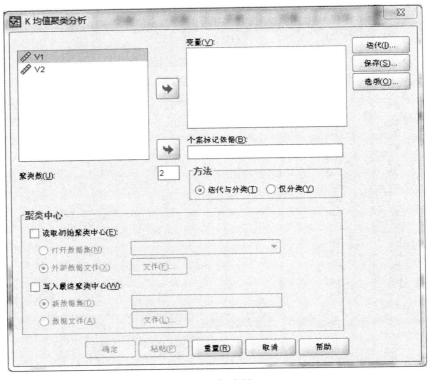

图2.21 打开k-均值聚类对话框过程图

在k-均值聚类分析对话框中,将聚类用到的变量都放到"变量"中,然后,根据用户需要设置"迭代""保存""选项"三个子项,最后单击"确定"。

(a)添加变量

图2.22 k-均值聚类过程图

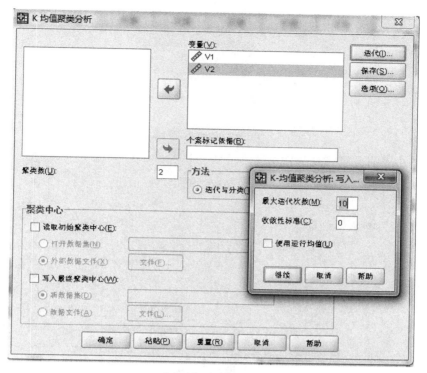

（b）设置迭代次数

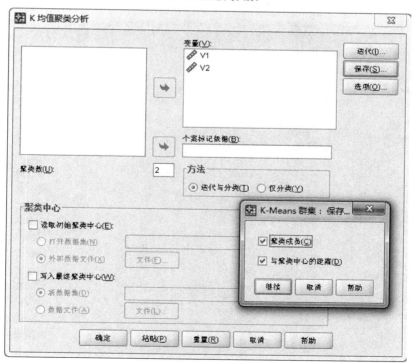

（c）设置保存内容

续图 2.22 k-均值聚类过程图

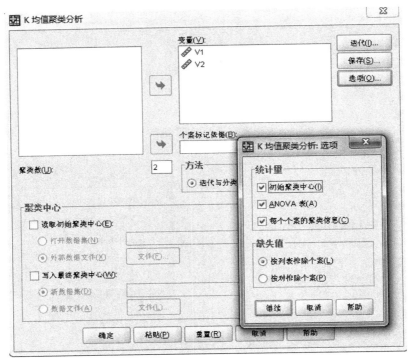

(d) 设置输出内容

续图 2.22　k-均值聚类过程图

k-均值聚类结果将在数据表中标记,结果参见图 2.23,其中 QCL_1 列中表示数据集中每个数据项所属簇的标号。

	V1	V2	QCL_1	QCL_2
1	26.75	22.15	1	6.94643
2	26.80	19.05	1	4.71748
3	27.15	14.85	1	3.94805
4	27.15	7.85	1	9.34231
5	27.25	11.95	1	5.71734
6	27.25	16.70	1	3.50749
7	27.70	20.85	1	5.33663
8	33.15	17.55	1	2.63146
9	33.00	15.25	1	2.55987
10	37.50	17.30	1	6.80074
11	37.65	16.40	1	6.90036
12	37.65	17.75	1	7.01757
13	12.45	22.30	2	3.71850
14	12.60	15.80	2	2.78353
15	12.65	17.65	2	0.93705

图 2.23　k-均值聚类结果图

4.相关性分析

相关性是指两个变量之间的变化趋势的一致性，如果两个变量变化趋势一致，那么就可以认为这两个变量之间存在着一定的关系（但必须是有实际经济意义的两个变量才能说有一定的关系）。相关性分析也是常用的统计方法，具体方法步骤如下。

步骤：确定数据要研究的两个变量，分析→相关→双变量，打开"双变量相关"对话框，如图2.24所示。

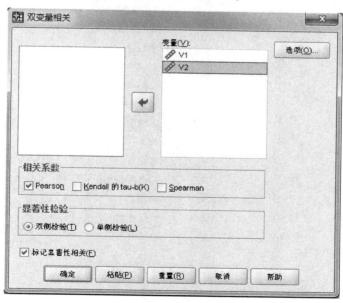

图2.24　打开双变量相关过程图

然后，将V1和V2选中导入到变量窗口。其中，相关系数选择Pearson相关系数，也可以选择其他两个，只是统计方法稍有差异，一般不影响结论。显著性检验一般选择双侧检验。最后，单击"确定"，如图2.25。

图2.25　相关性分析过程图

在结果输出窗口显示相关性分析结果，可以看到V1和V2的相关性系数为-0.164，认为两个变量不相关，对应的显著性为0.560，大于设置的显著性水平0.05，表示未通过显著性检验，并不显著。

[数据集1]

相关性

		V1	V2
V1	Pearson 相关性	1	-.164
	显著性（双侧）		.560
	N	15	15
V2	Pearson 相关性	-.164	1
	显著性（双侧）	.560	
	N	15	15

图 2.26 相关性分析结果图

5.分类

步骤：分析→分类→树，打开决策树对话框，这里不需要对模型变量定义标签，因而选择"确定"，进入决策树对话框，如图2.27所示。

图 2.27 决策树分类流程图

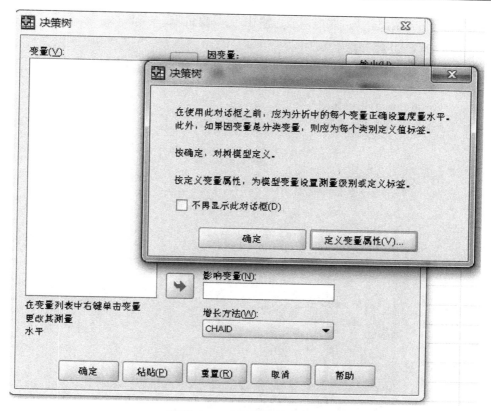

续图2.27 决策树分类流程图

将变量按照不同的要求导入不同的输入框中，如图2.28所示。

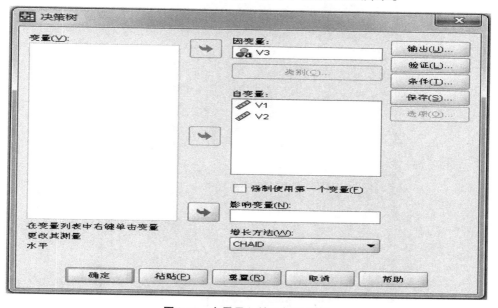

图2.28 变量导入输入框显示图

设置决策树对话框中一些选项，"输出"、"验证"、"条件"、"保存"，设置选项按用户需求进行，过程如图2.29所示。

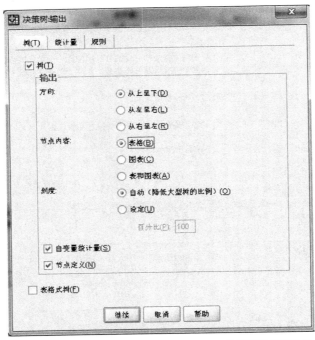

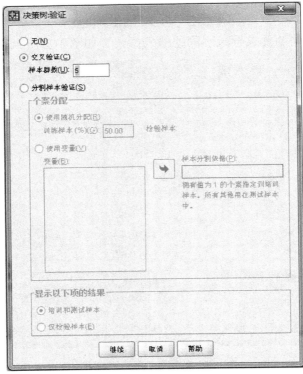

图2.29　决策树选项设置图

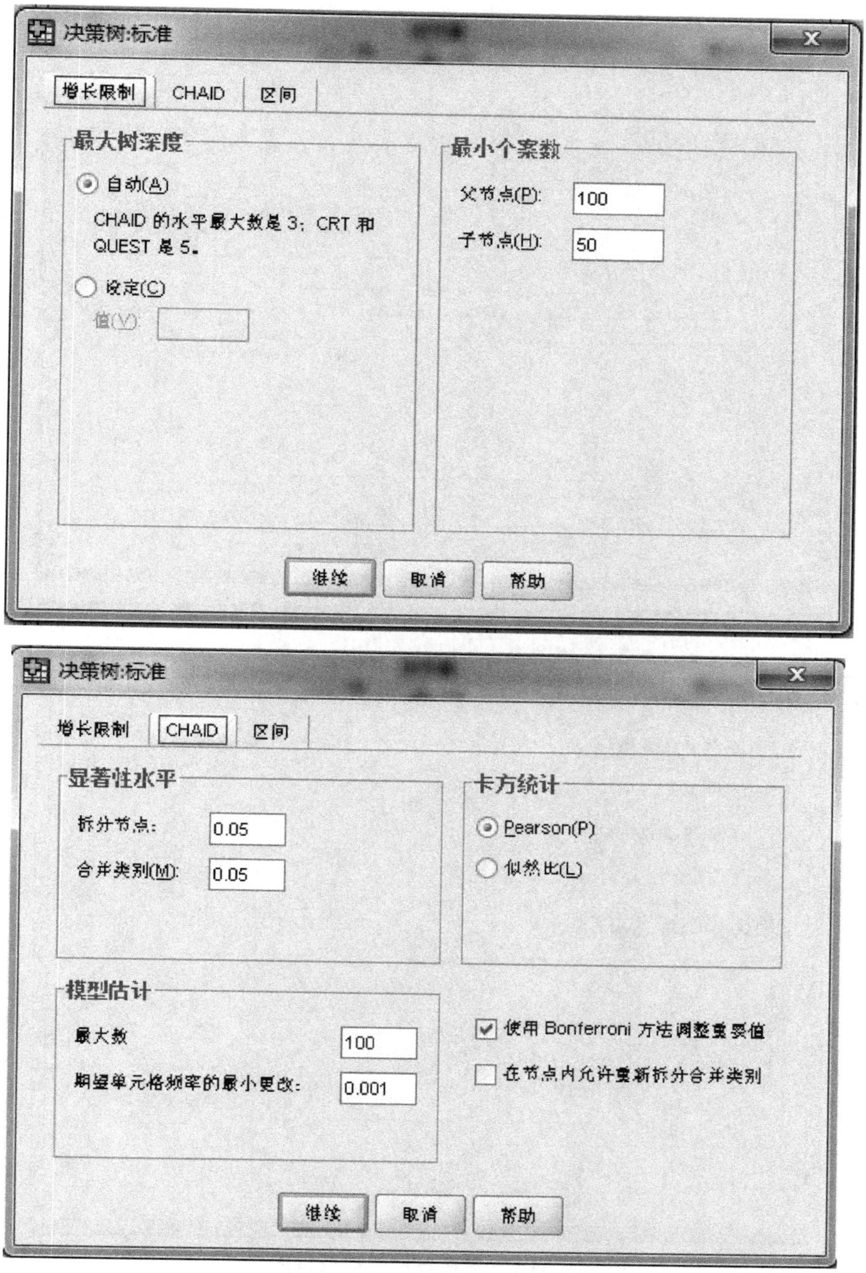

续图2.29　决策树选项设置图

续图 2.29　决策树选项设置图

单击"确定",分类结果如图2.30所示。

分类

已观测	已预测		
	不买	买	正确百分比
不买	0	7	.0%
买	0	8	100.0%
总计百分比	.0%	100.0%	53.3%

增长方法:CHAID
因变量列表:V3

V3

节点 0

类别	%	n
■ 不买	46.7	7
■ 买	53.3	8
总计	100.0	15

□ 不买
■ 买

V1	V2	V3	NodeID
26.75	22.15	买	0
26.80	19.05	买	0
27.15	14.85	不买	0
27.15	7.85	不买	0
27.25	11.95	买	0
27.25	16.70	不买	0
27.70	20.85	不买	0
33.15	17.55	买	0
33.00	15.25	买	0
37.50	17.30	买	0
37.65	16.40	买	0
37.65	17.75	不买	0
12.45	22.30	买	0
12.60	15.80	不买	0
12.65	17.65	不买	0

图2.30　决策树分类结果图

2.6.2　Python

1.简介

Python是一个高层次的结合了解释性、编译性、互动性和面向对象的脚本语言。它可以运行在 Windows、Linux、FreeBSD、Solaris 等等几乎所有的电脑程序中，也可以运行在手机中，支持Java和.Net技术。Python 是由 Guido van Rossum 于二十世纪八十年代末九十年代初，在荷兰国家数学和计算机科学研究所设计出来的，第一个公开发行版发行于1991年。像 Perl 语言一样，Python 源代码同样遵循 GPL（General Public License）协议。Python 语法简洁清晰，特色之一是强制用空白符（white space）作为语句缩进。本书主要针对Python 2.7 版本进行介绍。

Python 为我们提供了非常完善的基础代码库，覆盖了网络、文件、GUI、数据库、文本等大量内容，被形象地称作"内置电池（batteries included）"。除了内置的库外，Python还有大量的第三方库，也就是别人开发的代码通过很好地封装，供他人直接使用的东西。它还能够把用其他语言制作的各种模块（特别是C/C++）很容易地联结在一起。比如3D游戏中的图形渲染模块，性能要求特别高，就可以用C/C++重写，而后封装为Python可以调用的扩展类库。需要注意的是在使用扩展类库时可能需要考虑平台问题，某些可能不提供跨平台的实现。

2017年7月20日，IEEE发布2017年编程语言排行榜，Python高居首位。由于Python语言的简洁性、易读性以及可扩展性，在国外用Python做科学计算的研究机构日益增多，一些知名大学已经采用Python来教授程序设计课程。许多大型网站也是用Python开发的，例如YouTube、Instagram，还有国内的豆瓣。很多大公司，包括Google、Yahoo等，甚至NASA（美国航空航天局）都大量地使用Python。同时Python专用的科学计算扩展库有很多，其中3个经典的科学计算扩展库是NumPy、SciPy和matplotlib，它们分别为Python提供了快速数组处理、数值运算以及绘图功能。因此Python语言及其众多的扩展库所构成的开发环境十分适合工程技术、科研人员处理实验数据、制作图表，甚至开发科学计算应用程序。

与其他科学计算软件相比，Python有如下优点：

（1）Python完全免费，众多开源的科学计算库都提供了Python的调用接口。用户可以在任何计算机上免费安装Python及其绝大多数扩展库。

（2）Python易于学习、易于阅读、易于维护。它有相对较少的关键字（结构简单）和一个明确定义的语法，学习起来更加简单。代码定义得更清晰。

（3）Python有着丰富的扩展库，在UNIX、Windows和Macintosh兼容很好。

（4）用户可以从终端输入执行代码并获得结果的语言，互动地测试和调试代码片断，比如主流操作系统Unix/Linux、Mac、Windows都可以直接在命令模式下直接运行Python交互环境。直接下达操作指令即可实现交互操作。

Python执行的基本思想跟Java和.NET是一致的。首先会将.py文件中的源代码编译成Python的byte code（字节码），然后再由Python Virtual Machine（Python虚拟机）来执行这些编译好的byte code。不同的是，Python的Virtual Machine是一种更高级的Virtual Machine。这里的高级并不是通常意义上的高级，不是说Python的Virtual Machine比Java或.NET的功能更强大，而是说和Java或.NET相比，Python的Virtual Machine距离真实机器的距离更远。或者可以这么说，Python的Virtual Machine是一种抽象层次更高的Virtual Machine。基于C语言的Python编译出的字节码文件，通常是.pyc格式。

2.安装

在Python官网上下载和自己本机匹配的版本，注意自己机器是64位还是32位的，本书下载地址为：https：//www.python.org/downloads/release/python-2714/。要使Python正常运行，需要三步，分别是：安装环境、环境变量设置、安装所需的库。

（1）安装环境

下载好Python安装包后，按以下步骤操作：

首先，双击Python安装包，选择"Install just for me"，点击"Next"；

然后，选择Python安装的路径一般都安装在C盘，点击"Next"，选择Python所要安装的文件 默认全部安装，点击"Next"；

稍等一小会儿会就会安装成功；

最后点击"Finish"完成安装。

安装环境具体流程如图2.31所示。

图2.31　Python安装环境流程图

续图 2.31　Python 安装环境流程图

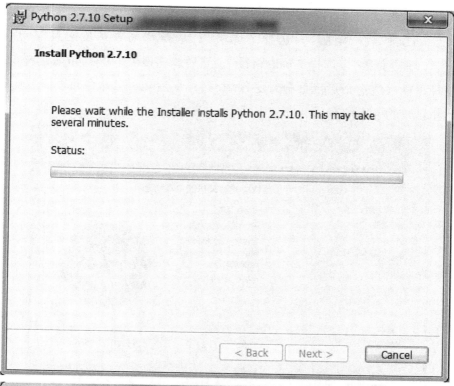

续图2.31 Python安装环境流程图

（2）环境变量设置

首先，右键"我的电脑"，选择"属性"；选择"高级系统配置"，点击"高级"；点击"环境变量"，选择"path路径"；然后双击刚安装Python时选择的路径放在path路径里面（注意最后面的分号必须填写）；最后在cmd命令行下键入python –V就能得到python的版本信息了，安装完成。

（a）电脑属性图

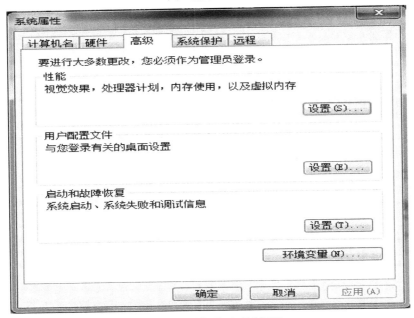

（b）高级系统设置对话框图

图2.32   Python环境变量设置过程图

（c）环境变量对话框图

（d）系统变量设置图

续图2.32 Python环境变量设置过程图

图2.33 Python安装成功结果显示图

（3）安装所需的库

根据算法程序进行相应的运行，聚类分析需要安装的库有：numpy，scipy，pandas，scikit-learn，statsmodels，matplotlib，xlrd，xlwd 等。选用"pip install *（*表示各种待安装的库名）"命令或是"easy_install scikit learn"命令，也可以下载相应的库安装包进行安装。

1）安装 easy_install

两种方式：① 从网址 http：//pypi.python.org/pypi/setuptools 下载相应的 setuptools 进行安装；② 百度搜索"easy_install"找到下载页面，然后在页面中找到自己电脑操作系统对应的 ez_setup.py 链接，将其中代码复制到本地新建的 .py 文件中，最后在命令行中输入"ez_setup.py"运行。如果从 python.org 安装了 Python 2> = 2.7.9 或 Python 3> = 3.4，那么已经存在 pip 和 setuptools，但需要升级到最新版本。如图 2.34 所示：

图 2.34　Python 安装 easy_install 过程图

2）设置 easy_install 的环境变量

如同 Python 环境变量设置一样，只需在 path 后面追加 easy_install 所在路径，如图 2.35 所示。

图2.35　设置easy_install环境变量过程图

3）　安装聚类分析所需的库

①numpy：

全称 Numeric Python，该系统是 Python 的一种开源的数值计算扩展。这种工具可用来存储和处理大型矩阵，提供了许多高级的数值编程工具，如：矩阵数据类型、矢量处理以及精密的运算库。Numeric 专为进行严格的数字处理而产生。安装过程如图2.36所示。

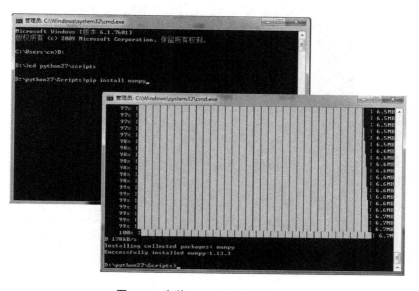

图2.36　安装numpy库过程图

②scipy：

scipy是一款方便、易于使用、专为科学和工程设计的Python工具包。它的不同子模块：像插值、积分、优化、图像处理、特殊函数等等相应于不同的应用。它用于有效地计算numpy矩阵，通常numpy和scipy协同工作。安装过程如图2.37所示。

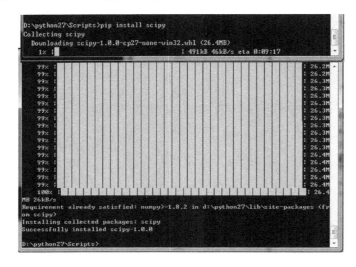

图2.37　安装scipy库过程图

③matplotlib：

它是Python的一个2D绘图库，能让用户很轻松地编程几行代码将数据图形化，便可以绘图，如直方图、功率谱、条形图、错误图、散点图等，并且提供多样化的输出格式。安装过程如图2.3.8所示。

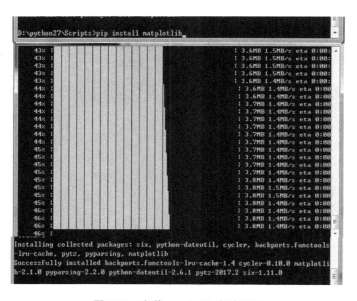

图2.38　安装matplotlib库过程图

④scikit learn：

简单高效的数据挖掘和数据分析工具可供用户使用，可在各种环境中重复使用建立在numpy、scipy和matplotlib上开放源码，可商业使用BSD许可证。

安装过程如图2.39所示。

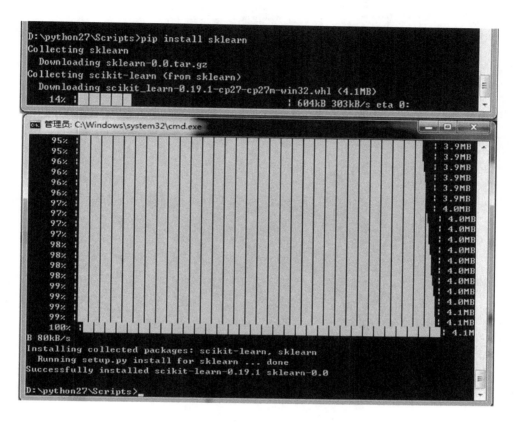

图2.39 安装scikit learn库过程图

⑤pandas：

又名Python Data Analysis Library，是Python的一个数据分析包，是基于numpy的一种工具，该工具是为了解决数据分析任务而创建的。pandas纳入了大量的库和一些标准的数据模型，提供了高效地操作大型数据集所需的工具和大量能使我们快速便捷地处理数据的函数和方法。

安装过程如图2.40所示。

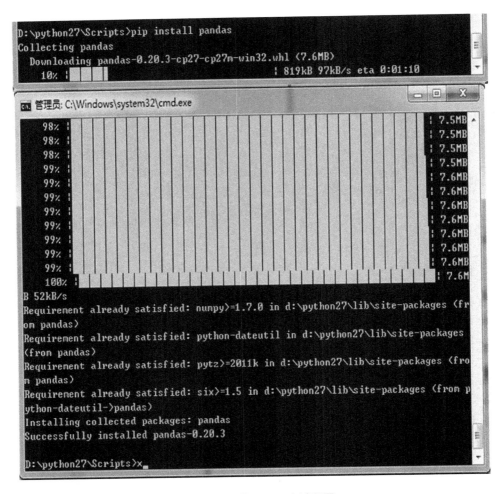

图 2.40　安装 Pnadas 库过程图

（4）运行程序

步骤：

①"开始"→"所有程序"→"Python2.7"；

②单击图形化界面 IDLE（Python GUI）。

界面如下：

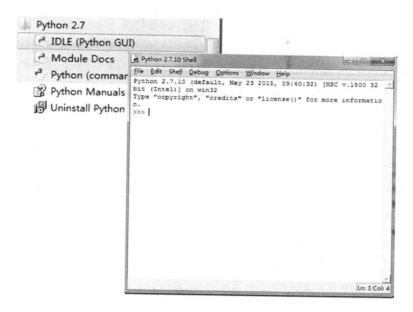

图2.41　Python打开图形化界面图

"＞＞＞"后面是程序输入的地方，在此用键盘敲入"print（"hello world，我喜欢python!"）"，按下回车后，python解释器就会解释并执行这条命令了。在命令的下一行开头没有"＞＞＞"处显示"hello world，我喜欢python!"，即为输出结果。

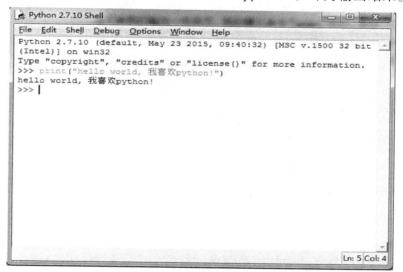

图2.42　Python执行命令及结果显示图

3.Python数据类型

Python中的变量不需要声明，没有类型，所说的"类型"是变量所指的内存中对象的类型。Python提供多种数据类型来存放数据项集合，主要有六个标准的数据类型：Python中Number（数字）、String（字符串）、List（列表）、Tuple（元组）、Sets

（集合）和 Dictionary（字典）。下面对这几种一一进行介绍：

（1）Number（数字）

数字包括整数、浮点数。在 Python 3 里，只有一种整数类型 int，表示为长整型，python 2 中还有 Long。float 类型和其他语言的 float 基本一致，像大多数语言一样，数值类型的赋值和计算都是很直观的。内置的 type()函数可以用来查询变量所指的对象类型。

数学函数主要有：

①绝对值函数 abs(x)

如 abs（-15）返回 15。

②fabs(x)，返回数字的绝对值

如 math.fabs(-15)返回 15.0。

③exp(x)，返回 e 的 x 次幂

如 math.exp（1）返回 2.718281828459045。

④pow(x,y)，返回 $x \times y$ 运算后的值。

⑤sqrt(x)，返回数字 x 的平方根

数字可以为负数，返回类型为实数，如 math.sqrt（9）返回 3。

（2）String（字符串）

字符串的声明有三种方式：单引号、双引号和三引号（包括三个单引号或三个双引号）。双引号中的字符串与单引号中的字符串用法完全相同，表示字符串，三引号表示多行的字符串，可以在三引号中自由地使用单引号和双引号。同时使用反斜杠（\）转义特殊字符。

例如：>>>str='string'; >>>print str; 输出结果：string。

访问>>>str［0］; 输出结果：s。

相加>>>str1 = "hello"; >>>str2= "world"; >>>str3 = str1 + str2; >>> print str3; 输出结果：hello world。

（3）List（列表）

List（列表）是 Python 中使用最频繁的数据类型。列表可以完成大多数集合类的数据结构实现。列表中元素的类型可以不相同，它支持数字、字符串，甚至可以包含列表（所谓嵌套）。列表是一种有序的集合，相对于元组和字符串的不同是它其中的元素可变，可以随时添加和删除其中的元素。

列表是写在方括号［］之间，不同成员之间用逗号隔开。和字符串一样，列表同样可以被索引和截取，列表被截取后返回一个包含所需元素的新列表。索引值以 0

为开始值，-1 为从末尾的开始位置。

Python 提供了对列表操作的强大支持，常用的有：

①创建列表：>>>L1=[1,2,3]；>>>L1，输出[1,2,3]；>>> L2=['abc']；>>> L2，输出['abc']。

②访问列表：>>>L1[0]，输出 1；>>> L1[-1]，输出 3。

③计算列表中参数 x 出现的次数：list.count（x）。

④获得参数 x 在列表中的位置：list.index（x）。

⑤列表中插入数据：list.insert（）。

⑥向列表中追加另一个列表 L：list.extend（L）。

⑦追加成员：list.append（）。

⑧删除列表成员：list.pop（）和 list.remove（）。

⑨将列表中的成员顺序颠倒：list.reverse（）。

⑩给列表成员排序：list.sort（）。

⑪使用分片获得第 2 至第 5 个成员，但不包含第 5 个：list[1:4]。

（4）Tuple（元组）

元组类型和列表一样，也是一种序列，与列表不同的是，元组是不可修改的。元组使用小括号（）包围的数据集合，创建很简单，只需要在括号中添加元素，并使用逗号隔开即可。

常用的有：

①创建元组：>>>tup1 = ('a'，'b'，'hello'，'world'，1，2)。

②访问元组：>>>tup1[0]，输出 a；>>>tup1[1:4]，输出 b，world；表示输出从第二个元素开始到第四个元素。

③删除元组：>>>del tup1。

④与字符串一样，元组之间可以使用+号和*号进行运算。

⑤内置函数：len（tuple）计算元组元素个数；max（tuple）返回元组中元素最大值；min（tuple）返回元组中元素最小值；cmp（tuple1，tuple2）比较两个元组元素；tuple（L）将列表转换为元组。

（5）Sets（集合）

集合是一个无序不重复元素的序列。基本功能是进行成员关系测试和删除重复元素。常用功能有：

①创建集合：set（value）。

②添加成员：add（）。

③删除成员：set.remove（value）。

④求交集：set1&set2。

⑤求并集：set1|set2。

（6）Dictionary（字典）

字典是除列表之外Python中最灵活的内置数据结构类型。列表是有序的对象结合，字典是无序的对象集合。两者之间的区别是：字典当中的元素是通过键来存取的，而不是通过偏移存取。字典由键和对应的值组成。键可以是数字、字符串或者是元组，但必须唯一。字典也被称作关联数组或哈希表。基本语法如下：

①创建：dict = {′A′： ′123′， ′B′： ′456′， ′C′： ′789′}。

②访问字典：dict[′A′]。

③修改字典：dict["B"]=111。

④增加新的键/值对：dict["D"]="000"。

⑤删除字典：del dict[′C′]，表示删除键是′C′的条目；dict.clear（），表示清空词典所有条目；del dict，表示删除字典。

字典中的内置函数和方法有：

①len（dict）：计算字典元素个数，即键的总数；

②str（dict）：输出字典可打印的字符串表示；

③cmp（dict1，dict2）：比较两个字典元素；

④type（variable）：返回输入的变量类型；

⑤radiansdict.values（）：以列表的形式返回字典中的所有值；

⑥radiansdict.keys（）：以列表形式返回一个字典所有的键；

⑦radiansdict.items（）：以列表的形式返回可遍历的（键，值）元组数组；

⑧radiansdict.has_key（key）：如果键在字典dict里返回true，否则返回false；

⑨radiansdict.update（dict2）：把字典dict2的键/值对更新到dict里；

⑩radiansdict.clear（）：删除字典内所有元素。

4.数据集的读取

数据集的存储形式多种多样，本节将对Excel存储和文件存储形式进行详细描述。

（1）从Excel导入数据集

首先要确保安装"xlrd"库，然后可以按如下程序读取Excel中的数据。

程序代码：

```
import xlrd
        file=xlrd.open_workbook（'D：\\...\\excel.xlrx'）
```

```
table=file.sheet_by_name('Sheet1')  #按名字检索
dataset[ ]  #建立数据列表
for r in range (table.nrows)
    col []
    for c in range (table.ncols)
        col.append(table.cell(r，c).value)
    dataset.append(col)
    print dataset
```

如果查找其中的一行或一列数据，用a=table.row_value(r)；如果查找行或列的个数，语句为n=table.nrows/ncols；最后，如果查找指定单元格，使用语句A1=table.cell(r，c).value。

（2）从文件导入数据集

将文件中存储的数据集导出，且将其形式转化为数组形式，具体程序如下所示：

```
from numpy import *
import numpy as np
numList=[]
data=open('文件路径','r')
lines=data.readlines()
for i in range (len(lines)):
    if （i%1==0）:
        line=[float(x) for x in lines[i].split()]
        numList.append(line)
dataset=np.array(numList)
print dataset
```

2.7　参考文献

［1］杨小兵.聚类分析中若干关键技术的研究［D］.杭州：浙江大学,2005.

［2］HALKIDI M,BATISTAKIS Y,VAZIRGIANNIS M. Cluster validity methods：part i ［J］. ACM Sigmod Record,2002,31（2）:40-45.

［3］KOVÁCS F,LEGÁNY C,BABOS A. Cluster validity measurement techniques ［C］. In 6th International Symposium of Hungarian Researchers on Computational Intelligence.

Citeseer, 2005.

[4] RAND W M. Objective criteria for the evaluation of clustering methods [J]. Journal of the American Statistical Association, 1971, 66(336): 846-850.

[5] HUBERT L, ARABIE P. Comparing partitions [J]. Journal of classification, 1985, 2 (1): 193-218.

[6] ANA L N F, JAIN A K. Robust data clustering [C] // Computer Vision and Pattern Recognition, 2003. Proceedings. 2003 IEEE Computer Society Conference on, volume 2, pages11-128. IEEE, 2003.

[7] RIJSBERGEN C J V. Information retrieval. dept. of computer science, university of glasgow[J/OL]. URL: citeseer. ist. psu. edu/vanrijsbergen79information. html, 1979.

[8] 韩家炜, 坎伯(KAMBER M), 裴健. 数据挖掘: 概念与技术[M]. 北京: 机械工业出版社, 2012.

[9] DUNN J C. A fuzzy relative of the isodata process and its use in detecting compact well-separated clusters [J]. Journal of Cybernetics, 1973, 3(3): 32-57.

[10] ROUSSEEUW P J. Silhouettes: a graphical aid to the interpretation and validation of cluster analysis [J]. Journal of computational and applied mathematics, 1987, 20: 53-65.

[11] 陈珍珍, 罗乐勤. 统计学[M]. 厦门: 厦门大学出版社, 2002.

[12] 曹小玲. 浅谈概率论中"数学期望"概念的讲解[J]. 教育教学论坛, 2014(45): 199-201.

[13] 陈晓龙. 概率论与数理统计[M]. 南京: 东南大学出版社, 2011.

[14] FISHER R. The correlation between relatives on the supposition of mendelian inheritance[M]. Edinburgh: Royal Society of Edinburgh, 1918.

[15] 李贤平. 概率论基础[M]. 北京: 高等教育出版社, 2010.

[16] 张云华. 统计学中四分位数的计算[J]. 中国高新技术企业, 2009(20): 173-174.

[17] 吕林根, 许子道. 解析几何[J]. 4版. 北京: 高等教育出版社, 2006.

[18] 周胜林, 刘西民. 线性代数与解析几何[M]. 北京: 高等教育出版社, 2015.

[19] 方洪鹰. 数据挖掘中数据预处理的方法研究[D]. 重庆: 西南大学, 2009.

[20] COHEN J, DOLAN B, DUNLAP M, et al. MAD skills: New analysis practices for big data[J]. PVLDB, 2009, 2(2): 1481-1492.

第3章　流行聚类算法

3.1　基于划分的方法

3.1.1　概述

基于划分的方法（Partition-based Method）是聚类分析中最简单、最基本的方法。给定数据集 D 和要生成的簇的数目 k，划分方法首先根据选定的 k 个中心点给出一个初始划分，然后反复迭代，把数据点从一个簇移动到另一个簇，使得同一簇中的数据点越来越相似，而不同簇中的数据点越来越不相似，直到满足一定条件时停止迭代。一个好的划分的一般准则是：在同一个类中的对象之间尽可能"接近"或相关，在不同类中的对象之间尽可能"远离"或不同。绝大多数基于划分的聚类采用了 k-均值（k-Means）和 k-中心点（k-Medoids）两种较有代表性的启发式方法。

3.1.2　k-均值算法

聚类算法有几十种，k-均值算法[1, 2]是聚类算法中最常用的一种，k-均值算法是 MacQueen[3] 在 1967 年提出来的一种经典的聚类算法。该算法属于基于距离的聚类算法，由于该算法的效率较高，所以在科学和工业领域中，对大规模数据进行聚类时被广泛应用，是一种极有影响力的技术。k-均值算法最大的特点是简单，好理解，运算速度快，但是只能应用于连续型的数据，并且一定要在聚类前手工指定要分成几类。

1.算法思想

k-均值算法是一种硬聚类算法，其思想[3, 4]为在 n 维欧几里得空间把 n 个样本数据分成 k 类。首先由用户确定所要聚类的准确数目 k，并随机选择 k 个对象作为中心，然后根据数据与中心的距离来将它赋给最近的类，重新计算每个类内对象的平均值形成新的聚类中心，反复迭代，直到目标函数收敛为止[3]。这个算法的一个特点是在每次迭代中都要考察每个样本的分类是否正确，若不正确，就要调整。在全部数据调整完后，再修改聚类中心，进入下一次迭代。如果在一次迭代算法中所有的数据对象被正确分类，则不会有调整，聚类中心也不会有任何变化，这标志着目标函数已经收敛，这时算法结束[5]。

k-均值算法的一大特点是每个样本只能被硬性分配（hard assignment）到一个类簇中，这种方法不一定是最合理的。但聚类本身就是一个具有不确定性的问题，实际情况中的类簇很可能存在重叠的情况，那么重叠部分的归属就颇具争议了；给定一个新样本，正好它与所有类簇中心的聚类是相等的，我们又该怎么办？如果我们采用概率的方法，像高斯混合模型（Gauss Mixture Model，GMM）那样给出样本属于每个类簇的概率值，能从一定程度上反映聚类的不确定性就更合理了。

2.算法所用到的符号、公式和定义

为了方便改进的k-均值算法的描述，引用记号如下：

$$X = \{x_i | x_i \in R^n，\ i = 1，2，\cdots，n\}$$

为待聚类的数据集。

z_1，z_2，$\cdots$，z_k分别为k个聚类中心；w_j（$j=1$，2，$\cdots$，k）表示聚类的k个类别。

定义1 两个数据之间的欧几里得距离为：

$$d(x_i, x_j) = \sqrt{(x_{i1} - x_{j1})^2 + (x_{i2} - x_{j2})^2 + \cdots + (x_{in} - x_{jn})^2} \qquad (3.1)$$

式中，$x_i = (x_{i1}, x_{i2}, \cdots, x_{in})$和$x_j = (x_{j1}, x_{j2}, \cdots, x_{jn})$是两个$n$维的数据对象。

定义2 同一类的中心点为：

$$z_j = \frac{1}{n} \sum_{j, x \in w_j} x \qquad (3.2)$$

式中，n_j是同一类数据的个数。

定义3 目标函数为：

$$J = \sum_{i=1}^{k} \sum_{j=1}^{n} d(x_j, z_i) \qquad (3.3)$$

定义4 对变量R和z分别给予特定的值，以任意数据点为中心，在以R为半径超球体内所包含的数据个数大于数值z的点则为高密度点，否则为低密度点。

3.k-均值算法流程

k-均值算法在进行聚类之前需要用户给定簇的个数和数据样本等参数，然后根据特定的算法对数据集进行聚类，当满足收敛条件时，算法处理结束，输出最终的聚类结果。

k-均值的算法过程[4]为：

输入条件：聚类簇的个数k，以及包含n个数据对象的样本集。

输出条件：满足方差最小的标准的k个聚类。

处理流程：

从n个数据对象中任意选择k个对象作为初始聚类中心；

循环下述流程①到②直到每个聚类簇不再发生变化为止。

① 根据每个聚类簇中所有对象的均值（中心对象），计算样本集中每个对象与这些中心对象的距离，并根据最小距离重新对相应对象进行划分，即把该对象分配到距离中心对象最近的聚类中。

② 重新计算每个聚类簇的均值（中心对象）。

k-均值的算法流程图如图 3-1 所示：

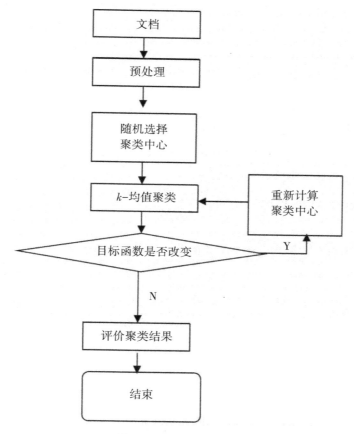

图3.1 k-均值算法流程

4.Python 实现

```python
print(__doc__)
# Code source：Gaël Varoquaux
# Modified for documentation by Jaques Grobler
# License：BSD 3 clause
import numpy as np
import matplotlib.pyplot as plt
# Though the following import is not directly being used, it is required
# for 3D projection to work
from mpl_toolkits.mplot3d import Axes3D
from sklearn.cluster import KMeans
from sklearn import datasets
np.random.seed(5)
iris = datasets.load_iris()
X = iris.data
y = iris.target
estimators = [('k_means_iris_8', KMeans(n_clusters=8)),
              ('k_means_iris_3', KMeans(n_clusters=3)),
              ('k_means_iris_bad_init',
KMeans(n_clusters=3, n_init=1, init='random'))]
fignum = 1
titles = ['8 clusters', '3 clusters', '3 clusters, bad initialization']
for name, est in estimators：
    fig = plt.figure(fignum, figsize=(4, 3))
    ax = Axes3D(fig, rect=[0, 0, .95, 1], elev=48, azim=134)
    est.fit(X)
    labels = est.labels_
    ax.scatter(X[：, 3], X[：, 0], X[：, 2],
               c=labels.astype(np.float), edgecolor='k')
    ax.w_xaxis.set_ticklabels([])
    ax.w_yaxis.set_ticklabels([])
    ax.w_zaxis.set_ticklabels([])
```

```
        ax.set_xlabel('Petal width')

        ax.set_ylabel('Sepal length')

        ax.set_zlabel('Petal length')

        ax.set_title(titles[fignum − 1])

        ax.dist = 12

        fignum = fignum + 1

# Plot the ground truth

fig = plt.figure(fignum, figsize=(4, 3))

ax = Axes3D(fig, rect=[0, 0, .95, 1], elev=48, azim=134)

for name, label in [('Setosa', 0),

                ('Versicolour', 1),

                ('Virginica', 2)]:

    ax.text3D(X[y == label, 3].mean(),

            X[y == label, 0].mean(),

            X[y == label, 2].mean() + 2, name,

            horizontalalignment='center',

            bbox=dict(alpha=.2, edgecolor='w', facecolor='w'))

# Reorder the labels to have colors matching the cluster results

y = np.choose(y, [1, 2, 0]).astype(np.float)

ax.scatter(X[：, 3], X[：, 0], X[：, 2], c=y, edgecolor='k')

ax.w_xaxis.set_ticklabels([])

ax.w_yaxis.set_ticklabels([])

ax.w_zaxis.set_ticklabels([])

ax.set_xlabel('Petal width')

ax.set_ylabel('Sepal length')

ax.set_zlabel('Petal length')

ax.set_title('Ground Truth')

ax.dist = 12

fig.show()
```

实验结果：

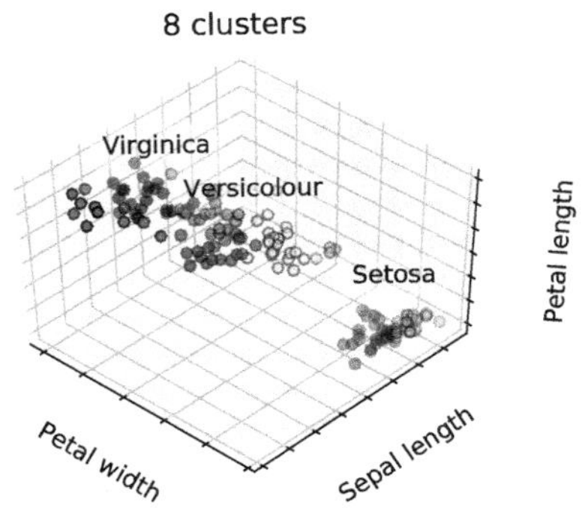

8 clusters

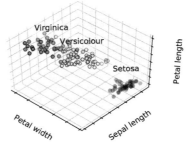

图 3.2　8 clusters

3 clusters

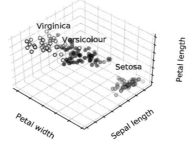

图 3.3　3 clusters

3 clusters, bad initialization

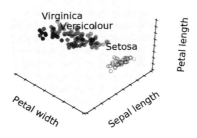

图 3.4　3 clusters, bad initialization

Ground Truth

图 3.5　Ground Truth

其他结果图：

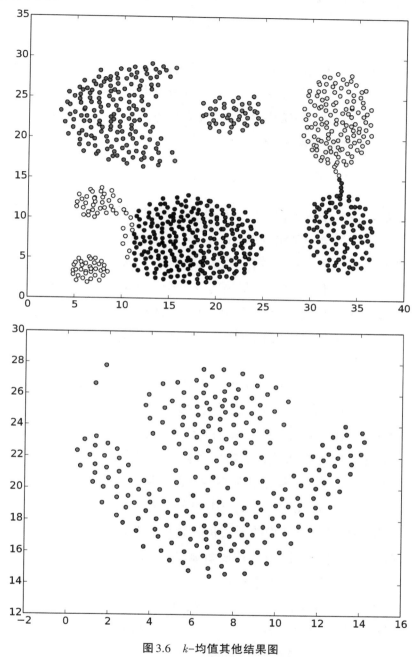

图3.6　k-均值其他结果图

5. 优缺点分析

（1）优点

该算法的运算速度非常快，而且其结构也很简洁；其类簇之间的区别也很明显；最重要的是其时间复杂度为$O(nkt)$，其中，n是样本的数目，k是类簇的数目，t

是迭代的次数，通常$k \leqslant n$且$t \leqslant n$。所以，在处理大型数据集时，它具有可伸缩性和高效性。

（2）缺点

该算法需要事先给定簇类的数目k；它不适合非凸形状的簇，也不适合存在大小差别很大的簇的数据的集合；其对数据集合内的噪声和离群点的敏感较高，因为此类数据也许会对均值造成一定的影响；因为其对初始中心的选择的依赖性较强，所以，产生局部的最优解的概率非常大。

3.1.3 k-中心点算法

为了降低k-均值算法对异常点的敏感性，随后提出了k-中心点[6]算法。k-中心点算法也叫围绕中心点划分的算法（Partition around Medoids，PAM）。尽管k-均值算法和k-中心点算法都需要预先指定类的数目k，初始时都是随机选择数据集D内的k个点作为簇中心，每次迭代也都是把剩余的点分配到距其最近的簇中心所代表的簇，但k-中心点算法提出了新的簇中心点选取方式。在k-中心点算法中，每次迭代时的中心点都是从上一步生成的簇内的数据点中选取的。选取的标准是让中心点到簇内所有点的距离之和最小，使簇变得更紧凑。k-中心点算法这种选取中心点的方式尽管在异常点较多时能提高聚类的准确性，但却导致了高时间复杂度，算法的扩展性受到了影响。所以，它不能用于规模比较大的数据集。

对于k-中心点聚类，首先随意选择初始代表对象（或种子）。只要能够提高聚类结果质量，迭代过程就继续用非代表对象替换代表对象。聚类结果的质量用代价函数来评估该函数度量对象与其簇的代表对象之间的平均相异度[7]。

PAM（Partitioning around Medoids，围绕中心点的划分）是最早提出的k-中心点算法之一[8]，该算法用数据点替换的方法获取最好的聚类中心，可以克服k-均值算法容易陷入局部最优的缺陷[4]。PAM算法试图确定n个对象的k个划分，在随机选择k个初始代表对象之后，该算法反复地试图选择簇的更好的代表对象。分析所有可能的对象对，每对中的一个对象看作是代表对象，而另一个是非代表对象。对于每个这样的组合，计算聚类结果的质量。对象被那个可以使误差值减少最多的对象所取代，在一次迭代中产生的每个簇中最好的对象集合成为下次迭代的代表对象，最终集合中的代表对象便是簇的代表中心点。每次迭代的复杂度是$O[k(n-k)^2]$，当n和k的值较大时，计算代价相当高[7]。

1.算法思想

k-中心点算法[9]：对于所给定的数据集，首先需要确定所要生成的簇的个数，即

k的值。然后，从数据集中随机地选择k个数据元素作为这k个簇的中心点对象；同时计算数据集中剩余的数据元素与各中心点对象之间的距离，并将各数据元素分配到离它最近的一个簇中。最后，反复地利用各簇中的非中心点对象来替代中心点对象，试图找出更好的中心点，并计算各簇中各中心点对象与非中心点对象的距离之和。整个聚类分析过程为寻求最小距离之和的过程，通过不断更新各距离值来不断地改进聚类结果的质量。

聚类分析的结果是通过代价函数来评判的，该代价函数主要通过衡量对象与其参与对象之间的平均相异度来判定的。通常地，采用绝对误差标准（absolute-error criterion）[10-12]，定义如下：

$$E = \sum_{j=1}^{k} \sum_{p \in C_j} |p - O_j| \tag{3.4}$$

在上述公式中，E代表给定数据集中所有数据元素的绝对误差之和；p代表空间中的点，即代表簇C_j中给定的一个数据元素；O_j代表C_j簇中的中心点对象。该算法重复利用所选择的迭代技术，直到各簇中每个中心点对象都已成为其所在簇的实际中心点元素，算法结束。

对于各簇中的中心点对象和非中心点对象，k-中心点算法主要通过不断地更新中心点对象并寻求最小距离值而确定最后的各簇以及k个中心点。在聚类分析的过程中，对于中心点的替换，决定是否替换主要有以下四种情况[8]。如图3.7所示：

（1）O_j当前隶属于中心点对象O_i。如果O_i被O_m所取代作为中心点对象，并且O_j离中心点对象$O_m(m \neq i)$最近，则重新分配给O_m。

（2）O_j当前隶属于中心点对象O_i。如果O_i被O_n所取代作为中心点对象，并且O_j离中心点对象O_m最近，则O_j重新分配给O_n。

（3）O_j当前隶属于中心点对象$O_m(m \neq i)$。如果O_i被O_n所取代作为中心点对象，并且O_j依然离中心点对象O_m最近，则对象O_j的隶属不发生变化。

（4）O_j当前隶属于中心点对象$O_m(m \neq i)$。如果O_i被O_n所取代作为中心点对象，并且O_j离中心点对象O_n最近，则O_j重新分配给O_n。

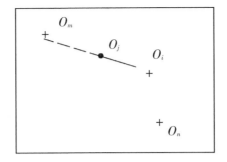

第一种情况：O_j被重新分配给O_m

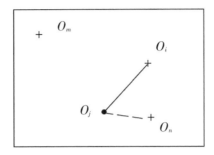

第二种情况：O_j被重新分配给O_n

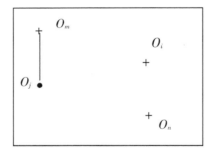

第三种情况：O_j的隶属不发生变化

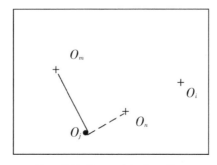

第四种情况：O_i重新分配给O_n

·数据对象；+簇中心；-交换前；···交换后

图3.7 k-中心点聚类代价函数的四种不同情况

在聚类分析的过程中，每发生一次非中心点对中心点对象的替换，代价函数的值S就会发生相应地改变。S的值代表所有的非中心点对象的代价之和。因此，每发生一次非中心点对中心点对象的替换，对于S的值就要重新进行计算，得到新的代价值S'，并比较替换前后S的值的大小，即$\Delta S = S' - S$。如果$\Delta S < 0$，总代价值变小，即该非中心点可以替换该中心点；如果$\Delta S > 0$，总代价值变大，该中心点将不会被替换。

2. 算法流程

k-中心点（k-Medoids）算法[10-12]：

PAM，一种基于中心点进行划分的k-中心点算法。

Input：

k：结果簇的个数。

D：包含n个对象的数据集合。

Output：k个簇的集合。使得所有对象与其最近的中心点的相异度总和最小。

Procedure：

从D中任意选择k个对象作为初始的簇中心；

REPEAT；

指派每个剩余对象到离它最近的中心点所代表的簇中；

REPEAT；

随机地选择一个未被选择的中心点O_i

REPEAT；

选择一个未被选择过的非中心点O_n；

计算O_n代替O_i的总代价，并记录在S中；

UNTIL所有的非中心点都被选择过；

UNTIL所有的中心点都被选择过；

IF在S中的所有非中心点代替所有中心点后计算出的总代价有$\Delta S < 0$，

THEN找出S中的用非中心点替代中心点后代价最小的一个，并用该非中心点替代对应的中心点，形成一个新的k个中心点的集合；

UNTIL不再发生簇的重新分配，即对于所有的$\Delta S > 0$。

在运算的过程中，当得到的k个中心点不再发生变化时，算法结束。如图3.7所示，当确定聚类中心点的数目k，若相邻两次聚类准则函数$C(T, V)$的差值等于零即前后两次聚类得到的中心点不再发生变化时，聚类过程结束[9]。

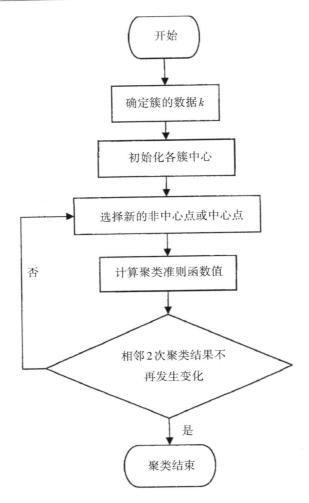

图3.8　k-中心点（k-Mediods）算法流程图

3.程序实现

```
#from clusterBase import importData, pearson_distance
import random
from math import sqrt
distances_cache = {}
def importData(FIFE = ´1.txt´) :
    blogwords = []
    blognames = []
    f = open(FIFE, ´r´)
    words = f.readline().split()
    #//remove ´\r\n´
```

```python
    for line in f:
        blog = line[:-2].split('\t')
        blognames.append(blog[0])
        blogwords.append([int(word_c) for word_c in blog[1: ]]    )
    return blogwords, blognames


def pearson_distance(vector1, vector2):
    sum1 = sum(vector1)
    sum2 = sum(vector2)
    sum1Sq = sum([pow(v, 2) for v in vector1])
    sum2Sq = sum([pow(v, 2) for v in vector2])
    pSum = sum([vector1[i]* vector2[i]for i in range(len(vector1))])
    num = pSum − (sum1*sum2/len(vector1))
    den=sqrt((sum1Sq-pow(sum1, 2)/len(vector1))*(sum2Sq-pow(sum2, 2)/len(vector1)))
    if den == 0: return 0.0
    return (1.0 − num/den)
def totalcost(blogwords, costf, medoids_idx):
    size = len(blogwords)
    total_cost = 0.0
    medoids = {}
    for idx in medoids_idx:
        medoids[idx]= []
    for i in range(size):
        choice = None
        min_cost = 2.1
        for m in medoids:
            tmp = distances_cache.get((m, i), None)
            if tmp == None:
                tmp = pearson_distance(blogwords[m], blogwords[i])
                distances_cache[(m, i)]= tmp
            if tmp < min_cost:
                choice = m
```

```
                min_cost = tmp
             medoids[choice].append(i)
          total_cost += min_cost
       return total_cost, medoids


def kmedoids(blogwords, k) :
    size = len(blogwords)
    medoids_idx = random.sample([i for i in range(size)], k)
    pre_cost, medoids = totalcost(blogwords, pearson_distance, medoids_idx)
    print pre_cost
    current_cost = 2.1 * size # maxmum of pearson_distances is 2.
    best_choice = []
    best_res = {}
    iter_count = 0
    while 1 :
        for m in medoids :
            for item in medoids[m]:
                if item != m :
                    idx = medoids_idx.index(m)
                    swap_temp = medoids_idx[idx]
                    medoids_idx[idx]= item
                tmp, medoids_=totalcost(blogwords, pearson_distance, medoids_idx)
                    #print tmp, ´--------->´, medoids_.keys()
                    if tmp < current_cost :
                        best_choice = list(medoids_idx)
                        best_res = dict(medoids_)
                        current_cost = tmp
                    medoids_idx[idx]= swap_temp
        iter_count += 1
        print current_cost, iter_count
        if best_choice == medoids_idx :   break
        if current_cost <= pre_cost :
```

```
            pre_cost = current_cost
            medoids = best_res
            medoids_idx = best_choice


    return current_cost, best_choice, best_res
def print_match(best_medoids, blognames) :
    for medoid in best_medoids :
        print blognames[medoid], ´----->´,
        for m in best_medoids[medoid]:
            print ´(´, m, blognames[m], ´)´,
        print
        print ´---------´ * 20
if __name__ == ´__main__´ :
    blogwords, blognames = importData()
    best_cost, best_choice, best_medoids = kmedoids(blogwords, 3)
print_match(best_medoids, blognames)
```

结果图:

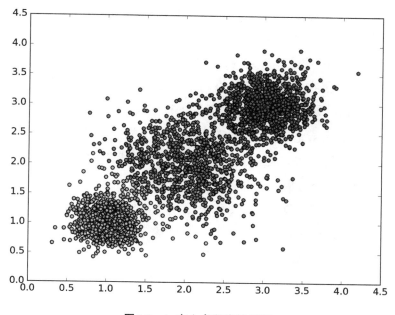

图3.9 k-中心点程序结果图

4.优缺点分析

（1）k-中心点算法具有能够处理大型数据集、结果簇相当紧凑并且簇与簇之间明显分明的优点，这一点和k-均值算法相同。

（2）该算法也有k-均值算法同样的缺点，如：必须事先确定簇数和中心点，簇数和中心点的选择对结果影响很大；一般在获得一个局部最优的解后就停止了；对于除数值型以外的数据不适合；只适用于聚类结果为凸形的数据集等。

（3）与k-均值算法相比，k-中心点算法对于噪声不那么敏感，这样对于离群点就不会造成划分的结果偏差过大，少数数据不会造成重大影响。

（4）k-中心点算法由于上述原因被认为是对k-均值算法的改进，但由于按照中心点选择的方式进行计算，算法的时间复杂度也比k-均值算法上升了$O(n)$。

3.2　基于密度的方法

3.2.1　概述

在基于密度的方法（Density-based Method）中，一个簇是一系列遍布于数据空间中的在一个连续区域内的高密度点构成的集合。基于密度的簇相互之间被连续的低密度点区域隔开。一般情况下，某数据点的密度是指该数据点在数据集中的稀疏程度，也就是说一个点的密度取决于它与周围点的疏离程度。基于密度的方法通常将离得比较近的点聚集到同一个类内，而将密度相对很小的点当作异常点。基于密度的聚类方法以数据集在空间分布上的稠密程度为依据进行聚类，无须预先设定簇的数量，因此特别适合对未知内容的数据集进行聚类。

密度聚类方法的指导思想是，只要一个区域中的点的密度大于某个阈值，就把它加到与之相近的聚类中去。对于簇中每个对象，在给定的半径的邻域ε中至少要包含最小数目（MinPts）个对象。

这类算法能克服基于距离的算法只能发现"类圆形"的聚类的缺点，可发现任意形状的聚类，且对噪声数据不敏感。密度聚类方法的代表算法有：DBSCAN、OPTICS、DENCLUE算法等。

3.2.2　DBSCAN

DBSCAN（Density-Based Spatial Clustering of Applications with Noise，具有噪声的基于密度的聚类方法）[13]是最著名的基于密度的空间聚类算法。该算法将具有足够密度的区域划分为簇，并在具有噪声的空间数据库中发现任意形状的簇，它将簇定义为密度相连的点的最大集合，利用基于密度的聚类的概念，即要求聚类空间中的一定区域内所包含对象（点或其他空间对象）的数目不小于某一给定阈值。

1.算法思想

DBSCAN算法的主要思想是：对于构成簇的每个对象，其 Eps 邻域包含的对象个数，必须不小于某个给定的值（$MinPts$），若此邻域内存在其他对象也可达到上述条件，则继续聚类，循环执行以上逻辑直到所有数据对象被处理完。DBSCAN算法中的密度是指每个对象的 Eps 邻域内包含的对象数，若满足当前对象 P 的密度大于等于 $MinPts$ 这个条件，就继续聚类。下面给出了与DBSCAN算法相关的一些专业术语的定义。

单位密度就是单位区域内的对象数，在计算时每个对象 Eps 邻域内包含的对象个数需要使用距离度量，以确定哪些对象在其邻域内。对两个对象做相似性度量时，距离越近，两个对象越相似。常用的距离度量公式有曼哈顿距离、欧几里得距离和闵可夫斯基距离。下面分别列出这3个距离度量的计算公式，为方便表示，假设每个对象包含 m 个属性，如对象 q 的属性描述为 $q=\{q_1, q_2, ..., q_m\}$。则：

曼哈顿距离：

$$Dist(p,q) = |p_1 - q_1| + |p_2 - q_2| + \cdots + |p_m - q_m| \tag{3.5}$$

欧几里得距离：

$$Dist(p,q) = \sqrt{|p_1 - q_1|^2 + |p_2 - q_2|^2 + \cdots + |p_m - q_m|^2} \tag{3.6}$$

闵可夫斯基距离：

$$Dist(p,q) = \sqrt[n]{|p_1 - q_1|^n + |p_2 - q_2|^n + \cdots + |p_m - q_m|^n} \tag{3.7}$$

上述公式中，曼哈顿距离是闵可夫斯基距离在当 $n=1$ 时的特殊情况，而欧几里得距离是闵可夫斯基距离在当 $n=2$ 时的特殊情况。

下面是DBSCAN算法中的一些核心概念[14]。

定义1　对象 p 的 Eps 邻域

假设 p 是数据集中的任意对象，其 Eps 邻域是指以 p 为圆心、以 Eps 为半径的圆形区域内所包含的数据对象集合。如图3.10中的对象 p 的 Eps 邻域内有11个对象，表示为：

$$N_{Eps}(p) = \{q | q \in D \cap d(p, q) \leqslant Eps\} \tag{3.8}$$

在上式中，D 表示数据集，$d(p, q)$ 表示对象 p 和对象 q 的距离度量。

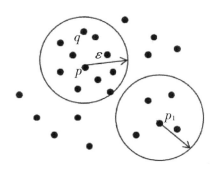

图3.10　Eps邻域、核心对象、边界对象

定义2　核心对象

给定某个对象p，如果p的Eps邻域内包含的对象个数大于等于$MinPts$，则p为核心对象。如在图3.10中，若$MinPts=10$，则p为核心对象。

定义3　边界对象

存在一个对象p_1，若p_1处于某个核心对象的Eps邻域内，但p_1不满足核心对象的条件，则p_1为边界对象。如在图3.10中，若$MinPts=10$，则p_1为边界对象。

定义4　直接密度可达

在数据集D中，假设q是一个核心对象，如果对象p处于q的Eps邻域内，则称p从q关于Eps和$MinPts$这两个参数是直接密度可达的。由定义可以看出，如果两个对象都是核心对象的话，则直接密度可达对两个对象是对称的；而如果两个对象中存在边界对象的话，则这种关系是不对称的。

定义5　密度可达

在数据集D中，给定两个参数和$MinPts$，若存在对象链p_1，p_2，$\cdots$，p_n，其中$p_1=q$，$p_n=p$，给定两个参数Eps和$MinPts$，如果该对象链中任意两个相邻对象满足p_{i+1}与p_i直接密度可达，则称p与q关于两个参数密度可达。由定义可以看出，密度可达关系不对称。

定义6　密度相连

在数据集D中，给定两个参数、Eps和$MinPts$，若存在这样一个对象O，使对象p从O密度可达同时对象q从O密度可达，则称p和q密度相连。很明显，密度相连关系对称。

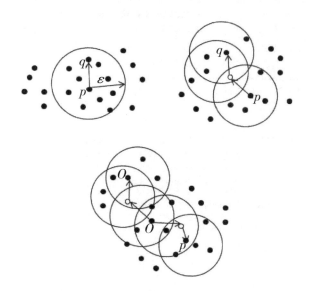

图3.11　直接密度可达、密度可达、密度相连

定义7　基于密度的簇

在数据集D中，最大的密度相连的且密度可达的数据对象的集合称为基于密度的簇。假设非空子集C是数据集D中的一个簇，则C必须满足以下条件：

（1）连通性：存在对象p，$q \in C$，则p，q密度相连；

（2）极大性：存在对象p，$q \in D$，若$p \in C$，且q从p密度可达，则$q \in C$。

由此定义可知，任意两个核心对象，若其密度相连，则必在同一簇中；任意边界对象，若与核心对象密度可达，则与核心对象属于相同的簇中。

定义8　噪声

数据集D中，如果一个对象p不属于任何簇，则对象p是噪声。

2.算法流程

（1）从聚类数据集D中随机任意选择一对象p；

（2）计算数据集D中所有除p以外的所有对象至对象p之间的距离，如果该聚类小于ε，则将p包含的对象加1，直到计算完所有的对象；

（3）判断p的ε-邻中包含的对象数是否$\geqslant MinPts$，若是，则将p标记为核心对象，反之，则标记为噪声点。

（4）对数据集中剩下的对象重复此步骤，直至所有的对象被标记为某一簇或噪声点。

3.算法伪代码

表3.1   DBSCAN算法伪代码

输入：D, eps, MinPts;	
输出：C;	

```
1    DBSCAN(D, Eps, MinPts){
2        C = 0;
3        Foreach unvisited P in D{
4            P = visited;
5            NeighborPts = regionQuery(P, Eps);
6            If (Count(NeighborPts) < MinPts){
7                P = NOISE;
8            }else{
9                C = next cluster;
10               expandCluster(P, NeighborPts, C, Eps, MinPts);
11           }
12       }
13   }
14   expandCluster(P, NeighborPts, C, Eps, MinPts){        //以 P 为核心对象扩展类 C
15       add P to cluster C;
16       Foreach P' in NeighborPts{
17           If (P' is not visited){
18               P' = visited;
19               NeighborPts' = regionQuery(P', Eps);
20               If (Count(NeighborPts') >= MinPts){
21                   NeighborPts = NeighborPts joined NeighborPts';
22               }
23           If (P' is not yet member of any cluster)
24               add P' to cluster C;
25           }
26       }
27   regionQuery(P, Eps){                                   //得到 P 的 Eps 邻域
28       return all points within P's eps-neighborhood
29   }
```

表3.1给出了DBSCAN算法具体实现的伪代码。DBSCAN（D，Eps，$MinPts$）是算法入口，输入参数包括数据集D，半径参数Eps，邻域密度阈值$MinPts$；expandCluster（P，$NeighborPts$，C，Eps，$MinPts$）函数的功能是根据核心点P扩展类别；regionQuery（P，Eps）函数是寻找以点P为核心点，Eps为半径的邻域。

DBSCAN算法需要对数据集中的每个对象进行是否为核心对象的计算，即每选取一个核心对象，就要计算除此对象外其他对象至该对象的距离，并判断邻域中包含的对象树是否符合给定的阈值，从而判断该对象是否为核心对象，因此，DBSCAN算法的时间复杂度为$O(n^2)$，如果采用R^*树数据结构进行核心对象的计算，则算法时间复杂度可为$O(n \log n)$。

4. 程序实现

```
print(__doc__)
import numpy as np
from sklearn.cluster import DBSCAN
from sklearn import metrics
from sklearn.datasets.samples_generator import make_blobs
from sklearn.preprocessing import StandardScaler
##################################################################
# Generate sample data
centers = [[1, 1], [−1, −1], [1, −1]]
X，labels_true = make_blobs(n_samples=750, centers=centers, cluster_std=0.4,
                random_state=0)
X = StandardScaler().fit_transform(X)
##################################################################
# Compute DBSCAN
db = DBSCAN(eps=0.3, min_samples=10).fit(X)
core_samples_mask = np.zeros_like(db.labels_，dtype=bool)
core_samples_mask[db.core_sample_indices_]= True
labels = db.labels_
# Number of clusters in labels，ignoring noise if present.
n_clusters_ = len(set(labels)) − (1 if −1 in labels else 0)
print('Estimated number of clusters：%d' % n_clusters_)
print("Homogeneity：%0.3f" % metrics.homogeneity_score(labels_true，labels))
```

```python
print("Completeness: %0.3f" % metrics.completeness_score(labels_true, labels))
print("V-measure: %0.3f" % metrics.v_measure_score(labels_true, labels))
print("Adjusted Rand Index: %0.3f"
    % metrics.adjusted_rand_score(labels_true, labels))
print("Adjusted Mutual Information: %0.3f"
    % metrics.adjusted_mutual_info_score(labels_true, labels))
print("Silhouette Coefficient: %0.3f"
    % metrics.silhouette_score(X, labels))
##############################################################################
# Plot result
import matplotlib.pyplot as plt
# Black removed and is used for noise instead.
unique_labels = set(labels)
colors = [plt.cm.Spectral(each)
        for each in np.linspace(0, 1, len(unique_labels))]
for k, col in zip(unique_labels, colors):
    if k == -1:
        # Black used for noise.
        col = [0, 0, 0, 1]
    class_member_mask = (labels == k)
    xy = X[class_member_mask & core_samples_mask]
    plt.plot (xy[:, 0], xy[:, 1], 'o', markerfacecolor=tuple(col),
        markeredgecolor='k', markersize=14)
    xy = X[class_member_mask & ~core_samples_mask]
    plt.plot(xy[:, 0], xy[:, 1], 'o', markerfacecolor=tuple(col),
        markeredgecolor='k', markersize=6)
plt.title('Estimated number of clusters: %d' % n_clusters_)
plt.show()
```

实验结果：

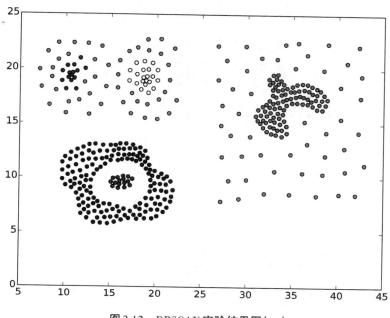

图3.12　DBSCAN实验结果图(一)

OUT：

Estimated number of clusters:

3

Homogeneity:

0.953

Completeness:

0.883

V－measure:

0.917

Adjusted Rand Index:

0.952

Adjusted Mutual Information:

0.883

Silhouette Coefficient:

0.626

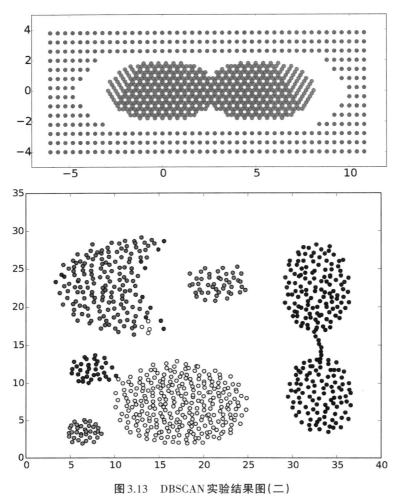

图3.13　DBSCAN实验结果图(二)

5.优缺点分析

DBSCAN算法的主要优点有：

（1）可以对任意形状的稠密数据集进行聚类，相对地，k-均值之类的聚类算法一般只适用于凸数据集。

（2）可以在聚类的同时发现异常点，对数据集中的异常点不敏感。

（3）聚类结果没有偏倚，相对地，k-均值之类的聚类算法初始值对聚类结果有很大影响。

DBSCAN算法的主要缺点有：

（1）如果样本集的密度不均匀、聚类间距差相差很大，聚类质量较差，这时用DBSCAN算法聚类一般不适合。

（2）如果样本集较大，聚类收敛时间较长，此时可以对搜索最近邻时建立的KD树或者球树进行规模限制来改进。

（3）调参相对于传统的k-均值之类的聚类算法稍复杂，主要需要对距离阈值ε，邻域样本数阈值$MinPts$联合调参，不同的参数组合对最后的聚类效果有较大影响。

3.2.3 OPTICS

OPTICS（Ordering Points to Identify the Clustering Structure）[15]是一种基于密度的聚类算法，由DBSCAN（Density-Based Spatial Clustering of Applications with Noise）算法发展而来。DBSCAN算法的原理是利用两个参数，这两个重要的参数就是邻域半径ε和最少密集点数$MinPts$，通过扫描将相邻相似点进行快速聚类。但是该算法有个非常明显不足的地方——对类与类之间要求可区分性必须十分明显，对参数也很敏感，如果数据集中密度分布不均匀的话，聚类的结果往往会将密度大、间距近的多个类聚集在一起，也可能会把密度小的类当作离群点处理[18]。例如图3.14所示的数据集，就不能使用一个全局的密度参数同时得到类A、B、C_1、C_2和C_3。基于全局密度的划分只能分别得到$\{A$，B，$C\}$和$\{C_1$，C_2，$C_3\}$两组聚类结果，在后一种情况下类A和类B中的点甚至会被认为是噪声点[16]。

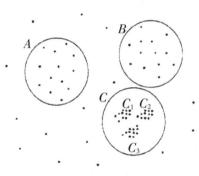

图3.14　不同密度参数的类

OPTICS算法和DBSCAN算法类似，都需要输入ε和$MinPits$两个参数，不同的是OPTICS算法不会把这两个参数当作全局的密度衡量标准来识别类，而是建立出一个增广的数据集排序（可达图）来表示数据集基于密度的数据结构。它的核心思想是从一个随机选定的数据对象出发，朝着数据对象分布密度高的区域扩张，最终所有的数据对象组织成一个能够反映本数据集分布结构的可视化序列。这一现象可以在图3.15中看到，C_1、C_2两个关于ε_2的类完全被关于ε_1的类C包含在内，$\varepsilon_2 < \varepsilon_1$ [16]。

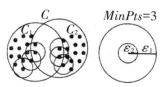

图3.15　"嵌套的"密度聚类

因此可以将DBSCAN算法扩展成可以同时处理几个距离参数，使得具有不同密度的类同时被构建。为了得到一致的结果，必须给出生成聚类时处理数据点的顺序。算法需要选择关于最小ε值密度可达的数据点，以保证具有较高密度的类率先生成。这样OPTICS算法相当于使用了无数个距离参数ε_i的DBSCAN算法，每个ε都小于某个"生成距离"。唯一的区别在于OPTICS算法不直接指定数据点的类归属，而只保存它们被处理的顺序和用于指定类归属的信息。每个数据点要记录的信息包括两个距离值：核心距离和可达距离，它们的定义如下。

1.OPTICS算法的两个概念

定义1 核心距离（Core-distance）：如果在数据集中，对象p包含$MinPits$个邻域对象的最小半径为$MinPits\text{-}distance$（p），那么将定义对象p的核心距离为：一个对象成为核心点的最小邻域半径，计算公式如下：

$$core-distance_{MinPts}(p)=\{_{MinPts-distance(p),\text{otherwise}}^{Undefined,\text{if }p\text{ is not a core}-\text{object}} \tag{3.9}$$

简单来说，点p的核心距离是使p成为$MinPts$核心点的最小距离，但如果该距离大于给定的生成距离ε，则认为该点的核心距离为无定义。

定义2 可达距离（Reachability-distance）：如果在数据集中，对象p是某对象o的ε邻域中的点，那么p与o的可达距离定义为从o到p直接密度可达的最小距离。计算公式如下：

$$reachability-distance_{MinPts}(p,o)=\{_{\text{Max}(core-distance(o),distance(o,p)),\text{otherwise}}^{Undefined,\text{if }p\text{ is not a core}-\text{object}} \tag{3.10}$$

点p的可达距离取决于其计算时所用的另一个点o。如果点o是一个关于ε和$MinPts$的核心点，则p的可达距离是使其成为从点o可以直接密度可达的最小距离。这个距离不能小于点o的核心距离，这是因为在核心距离内点o不再是核心点，点p也就不可由o直接密度可达了。如果点o不是关于ε和$MinPts$的核心点，则从o到p的可达距离为无定义。图3.16说明了核心距离和可达距离的关系。

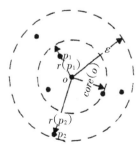

图3.16 当$MinPts$=4时，核心距离$core(o)$，可达距离$r(p_1,o),r(p_2,o)$

2.算法描述

OPTICS算法是根据核心距离和可达距离来设计算法的，它首先要创建一个数据库中数据对象的一个次序；其次，为每一个数据对象标明核心距离和可达距离。根据算法创建的数据对象的排列次序可以得到聚类结果。对于比生成次序时所用距离 ε 小的任何距离 ε'，可以利用数据对象的排序以及每一个对象的核心距离和可达距离来获得所有聚类结果[17]，OPTICS算法具体描述如下[19]：

输入：样本集 D，邻域半径 ε，给定点在 ε 邻域内成为核必对象的最小邻域点数 *MinPts*

输出：具有可达距离信息的样本点输出排序

方法：

（1）创建两个队列：有序队列和结果队列（有序队列用来存储核心对象及核心对象的直接可达对象，并按可达距离升序排列；结果队列用来存储样本点的输出次序）。

（2）如果所有样本集 D 中所有样本点都处理完毕，则算法结束。否则，选择一个未处理（即不在结果队列中）且为核心对象的样本点，找到其所有直接密度可达的样本点，如果该样本点不存在于结果队列中，则将其放入有序队列中，并按可达距离排序。

（3）如果有序队列为空，则跳至步骤（2），否则，从有序队列中取出第一个样本点（即可达距离最小的样本点）进行拓展，并将取出的样本点保存至结果队列中，如果它不存在于结果队列当中的话。

1）判断该拓展点是否为核心对象，如果不是，回到步骤（3），否则找到该拓展点内所有的直接密度可达点；

2）判断该直接密度可达样本点是否已经存在于结果队列，是则不处理，否则下一步；

3）如果有序队列中已经存在该直接密度可达点，如果此时新的距离小于旧的可达距离，则用新可达距离取代旧可达距离，有序队列重新排序；

4）如果有序队列中不存在该直接密度可达样本点，则插入该点，并对有序队列重新排序；

5）算法结束，输出结果队列中的有序样本点。

3.程序实现

```
import numpy as NP
import matplotlib.pyplot as plt
from operator import itemgetter
import sys
```

```python
def isLocalMaxima (index, RPlot, RPoints, nghsize):

    for i in range(1, nghsize+1):
        if index + i < len(RPlot):
            if (RPlot[index]< RPlot[index+i]):
                return 0

        if index − i >= 0:
            if (RPlot[index]< RPlot[index−i]):
                return 0

    return 1
def findLocalMaxima(RPlot, RPoints, nghsize):
    localMaximaPoints = {}

    for i in range(1, len(RPoints)−1):
    if RPlot[i]> RPlot[i−1]and RPlot[i]>= RPlot[i+1]and isLocalMaxima(i, RPlot, RPoints, nghsize) == 1:
            localMaximaPoints[i]= RPlot[i]
    return sorted(localMaximaPoints, key=localMaximaPoints.__getitem__ , reverse=True)
    def clusterTree(node, parentNode, localMaximaPoints, RPlot, RPoints, min_cluster_size):
        if len(localMaximaPoints) == 0:
            return #parentNode is a leaf

        s = localMaximaPoints[0]
        node.assignSplitPoint(s)
        localMaximaPoints = localMaximaPoints[1:]
        Node1 = TreeNode(RPoints[node.start:s], node.start, s, node)
        Node2 = TreeNode(RPoints[s+1:node.end], s+1, node.end, node)
        LocalMax1 = []
        LocalMax2 = []
```

```
for i in localMaximaPoints:
    if i < s:
        LocalMax1.append(i)
    if i > s:
        LocalMax2.append(i)

Nodelist = []
Nodelist.append((Node1, LocalMax1))
Nodelist.append((Node2, LocalMax2))

significantMin = .003
if RPlot[s]< significantMin:
    node.assignSplitPoint(-1)
clusterTree(node, parentNode, localMaximaPoints, RPlot, RPoints, min_cluster_size)
    return

checkRatio = .8
checkValue1 = int(NP.round(checkRatio*len(Node1.points)))
checkValue2 = int(NP.round(checkRatio*len(Node2.points)))
if checkValue2 == 0:
    checkValue2 = 1
avgReachValue1=float(NP.average(RPlot[(Node1.end checkValue1):Node1.end]))
avgReachValue2=float(NP.average(RPlot[Node2.start:(Node2.startcheckValue2)]))
maximaRatio = .75

rejectionRatio = .7

if float(avgReachValue1 / float(RPlot[s])) > maximaRatio or float(avgReachValue2 / float
(RPlot[s])) > maximaRatio:
    if float(avgReachValue1 / float(RPlot[s])) < rejectionRatio:
        Nodelist.remove((Node2, LocalMax2))
    if float(avgReachValue2 / float(RPlot[s])) < rejectionRatio:
```

```
                    Nodelist.remove((Node1, LocalMax1))
          if float(avgReachValue1 / float(RPlot[s])) >= rejectionRatio and float(avgReachValue2 /
float(RPlot[s])) >= rejectionRatio:
                    node.assignSplitPoint(−1)
                    clusterTree(node, parentNode, localMaximaPoints, RPlot, RPoints, min_clus-
ter_size)
                    return


          if len(Node1.points) < min_cluster_size:
              try:
                    Nodelist.remove((Node1, LocalMax1))
              except Exception:
                    sys.exc_clear()
          if len(Node2.points) < min_cluster_size:
              try:
                    Nodelist.remove((Node2, LocalMax2))
              except Exception:
                    sys.exc_clear()
          if len(Nodelist) == 0:
              node.assignSplitPoint(−1)
              return


          similaritythreshold = 0.4
          bypassNode = 0
          if parentNode != None:
              sumRP = NP.average(RPlot[node.start:node.end])
              sumParent = NP.average(RPlot[parentNode.start:parentNode.end])
              if float(float(node.end−node.start) / float(parentNode.end−parentNode.start)) > simi-
larurtythreshold: #1)
                    parentNode.children.remove(node)
                    bypassNode = 1
```

```
        for nl in Nodelist:
            if bypassNode == 1:
                parentNode.addChild(nl[0])
                clusterTree(nl[0], parentNode, nl[1], RPlot, RPoints, min_cluster_size)
            else:
                node.addChild(nl[0])
                clusterTree(nl[0], node, nl[1], RPlot, RPoints, min_cluster_size)


def printTree(node, num):
    if node is not None:
        print "Level %d" % num
        print str(node)
        for n in node.children:
            printTree(n, num+1)
def writeTree(fileW, locationMap, RPoints, node, num):
    if node is not None:
        fileW.write("Level " + str(num) + "\n")
        fileW.write(str(node) + "\n")
        for x in range(node.start, node.end):
            item = RPoints[x]
            lon = item[0]
            lat = item[1]
            placeName = locationMap[(lon, lat)]
            s = str(x) + ´, ´ + placeName + ´, ´ + str(lat) + ´, ´ + str(lon) + ´\n´
            fileW.write(s)
        fileW.write("\n")
        for n in node.children:
            writeTree(fileW, locationMap, RPoints, n, num+1)
def getArray(node, num, arr):
    if node is not None:
        if len(arr) <= num:
            arr.append([])
```

```
        try:
            arr[num].append(node)
        except:
            arr[num]= []
            arr[num].append(node)
        for n in node.children:
            getArray(n, num+1, arr)
        return arr
    else:
        return arr
def getLeaves(node, arr):
    if node is not None:
        if node.splitpoint == −1:
            arr.append(node)
        for n in node.children:
            getLeaves(n, arr)
    return arr
def graphTree(root, RPlot):
    fig = plt.figure()
    ax = fig.add_subplot(111)
    a1 = [i for i in range(len(RPlot))]
    ax.vlines(a1, 0, RPlot)

    num = 2
    graphNode(root, num, ax)
    plt.savefig('RPlot.png', dpi=None, facecolor='w', edgecolor='w',
        orientation='portrait', papertype=None, format=None,
        transparent=False, bbox_inches=None, pad_inches=0.1)
    plt.show()
def graphNode(node, num, ax):
    ax.hlines(num, node.start, node.end, color="red")
    for item in node.children:
```

```
        graphNode(item, num − .4, ax)
def automaticCluster(RPlot, RPoints):
    min_cluster_size_ratio = .005
    min_neighborhood_size = 2
    min_maxima_ratio = 0.001

    min_cluster_size = int(min_cluster_size_ratio * len(RPoints))
    if min_cluster_size < 5:
        min_cluster_size = 5

    nghsize = int(min_maxima_ratio*len(RPoints))
    if nghsize < min_neighborhood_size:
        nghsize = min_neighborhood_size

    localMaximaPoints = findLocalMaxima(RPlot, RPoints, nghsize)

    rootNode = TreeNode(RPoints, 0, len(RPoints), None)
clusterTree(rootNode, None, localMaximaPoints, RPlot, RPoints, min_cluster_size)
    return rootNode


class TreeNode(object):
    def __init__(self, points, start, end, parentNode):
        self.points = points
        self.start = start
        self.end = end
        self.parentNode = parentNode
        self.children = []
        self.splitpoint = −1
    def __str__(self):
        return "start: %d, end %d, split: %d" % (self.start, self.end, self.splitpoint)

    def assignSplitPoint(self, splitpoint):
```

```
    self.splitpoint = splitpoint
def addChild(self, child):
    self.children.append(child)
```

实验结果:

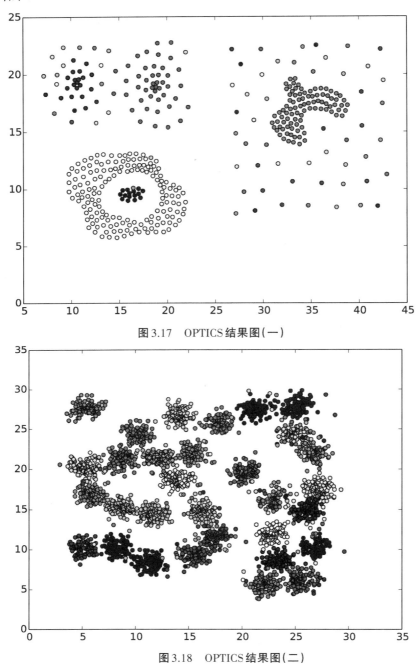

图3.17   OPTICS结果图(一)

图3.18   OPTICS结果图(二)

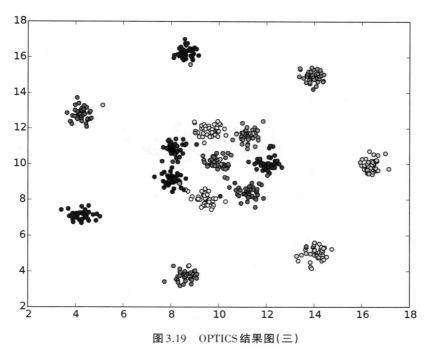

图 3.19 OPTICS 结果图(三)

4. 优点分析

OPTICS算法具有以下优点:

(1) 不需要预先知道簇数。

(2) 不需要标准的或非常鲁棒的参数。

(3) 它可以得到簇的完整的层次结构。

(4) 该方法能够得到很好的可视化结果。

(5) 最后能够取得"平坦的"划分(例如,截断树状图或可达图)。

5. 可达图

OPTICS算法可以得到数据集中所有点的处理顺序和相应的可达距离值。以此顺序将数据点沿 x 轴排列,y 轴为各点的可达距离值,可以画出一幅可达距离分布图。这样数据集的聚类结构就可以用可视化的方式呈现给用户,而进一步的分析如确定点的类归属可以在此基础上进行。这样做有很多益处:首先,这种方法可以给出数据的整体概况,利于在较高层次上理解数据的构造和分布方式,将尽量多的数据一次呈现给用户。第二,当用户了解数据集的整体结构后,可以将注意力集中于他感兴趣的子集上,对单个类进行分析,检测各个类之间的关系。

图 3.20 给出了一个简单的二维数据集的可达距离分布图,从中可以很清楚地看到类的结构。需要指出的是这种可视化的方法不受数据维度的影响,如某高维的数据集具有和图 3.20 中二维数据集相同的分布情况,则所得的可达距离分布图也会很

相似[18]。

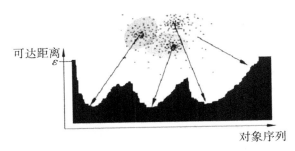

可达距离 ε

对象序列

图3.20　二维数据集可达距离分布图

OPTICS 算法的另一个重要优势在于，相比于其他聚类方法，输入参数 ε 和 *MinPts* 对可达距离分布图的影响不大。简单来说，只要参数够"大"即可得到较好的结果。参数可以在很大的范围内任意选择而不影响可达距离分布图现实相应数据集的聚类结构，因此其具体数值并不重要。与 DBSCAN 算法类似，OPTICS 算法同样采用了启发式方法估计参数 ε，并给出了 *MinPts* 的经验值。

由于在结构上的等价性，OPTICS 算法和 DBSCAN 算法拥有了相同的时间复杂度，当两种方法都采用空间索引时，复杂度为 $O(n \log n)$，其中 n 为数据集对象数目。

3.2.4　DENCLUE算法

DENCLUE（DENsity—based CLUstEring）[20]算法是 Hinneburg 等提出的，它是一种泛化的基于核密度估计的聚类算法。该聚类算法基于以下的一些想法：每个数据点对于其周围区域都存在一定的影响，并且该影响程度可用数学函数进行描述，此函数称为影响函数；数据空间的密度分布可用所有数据点的影响函数的和来描述；用密度吸引点来描述全局密度函数的局部极大值，最终通过寻找密度吸引点，来确定聚类结果。

1.DENCLUE算示的一些基本定义

已知空间 $\Omega \subset R^d$ 中包含 n 个对象的数据集 $D = \{x_1, x_2, \cdots, x_n\}$，DENCLUE算法的相关概念描述如下：

影响函数：点 $y \in \Omega$ 的影响函数为 $f_B^y: \Omega \rightarrow R^{0+}$，$f_B^y = f_B(x, y)$。通常情况下，选择高斯函数作为点（对象）$x$ 的影响函数。

$$f_{\text{Gauss}}(x,y) = e^{-\frac{d(x,y)^2}{2\sigma^2}}$$ (3.11)

全局密度函数：所有点的影响函数之和。对于有 n 个数据点的集合 $D = \{x_1, x_2, \cdots, x_n\}$，全局密度函数定义为：

$$f_B^D(x) = \sum_{i=1}^{n} f_B^{x_i}(x) \tag{3.12}$$

梯度：

$$\nabla f_{\text{gauss}}^D(p) = \sum_{i=1}^{N} (q^i - p) g e^{-\frac{d^2(p,q_i)}{2\sigma^2}}, \quad \forall p \in S \tag{3.13}$$

密度吸引子及密度吸引：已知全局密度函数的局部极大值点x^*，对任意的$x \in \Omega$，如果存在点集x_0，x_1，$\cdots$，x_k，使得$x_0 = x$，$x_k = x^*$，且x_i位于x_{i-1}的梯度方向上（$0<i<k$），则x称被x^*密度吸引，而称x^*为x的密度吸引子。

基于中心的聚类：已知密度吸引子x^*，如果存在子集$C \subset D$，使得$\forall x \in C$，x都被x^*密度吸引，且$f_B^D(x^*) \geq \xi$（ξ为预设的密度阈值），则称C为以x为中心的簇。

任意形状的簇：已知密度吸引子的集合X，如果存在子集$C \subset D$，使得：

（1）$\forall x \in C$，都存在一个密度吸引子$x^* \in X$，使得x被x^*所吸引，且$f_B^D(x^*) \geq \xi$；

（2）$\forall x_i^*$，$x_j^* \in X$（$i \neq j$），总存在x_i^*到x_j^*的路径$P \subset \Omega$，满足$\forall y \in p$，有$f_B^D(y) \geq \xi$，则称为由X确定的任意形状的聚类。

2.算法步骤

基于以上概念，DENCLUE算法的基本步骤如下：

（1）对数据点所占据的空间推导全局密度函数；

（2）通过全局密度函数求出局部极大值点，即密度吸引点；

（3）对于数据集中的每个点，通过沿全局密度函数在该点的梯度方向，将该点关联到一个密度吸引点；

（4）定义与特定的密度吸引点相关联的点构成的簇；

（5）丢弃那些密度吸引点的密度小于用户指定阈值ε的簇；

（6）对于能够通过密度大于或等于ε的点路径连接的簇，将其合并。

影响函数的选择是随意的，但通常选择高斯函数作为影响函数，以每个点坐标为中心，σ为参数，为此还需对σ的取值进行优选。考虑σ对全局密度函数$f_B^D(x)$以及最终聚类结果的影响，如果σ取值很小，$f_B^D(x)$呈现出以N个数据点为中心的尖峰状函数之和，每个对象对周围区域的影响很小，聚类结果会产生很多簇，甚至每个点都自成一个簇，显然这是没有意义的；反之，如果σ取值很大，$f_B^D(x)$成为n个变化缓慢且宽度很大的函数之和，每个函数周围的密度函数值很大，且近似相等，从而使得聚类结果非常不明显，极端情况下，所有的点都被聚集成一个簇。因此，为了尽可能获得准确的密度估计和聚类结果，σ的选取应尽可能地体现原始数据的分布特性。

关于密度吸引点的搜索，由于密度吸引点即全局密度函数的局部极大值点，因此对于密度吸引点的搜索可以用很多现有的方法来实现，比如模拟退火算法、遗传算法等。

对于某个密度吸引点是否为簇的中心，还需要该点处的密度值大于给定的密度阈值 ε。因此选择不同的 ε 值对于簇的确定将产生较大的影响。

3. 算法代码

```python
import numpy as np
from sklearn.base import BaseEstimator, ClusterMixin
import networkx as nx
def _hill_climb(x_t, X, W=None, h=0.1, eps=1e-7):

    error = 99.
    prob = 0.
    x_l1 = np.copy(x_t)

    radius_new = 0.
    radius_old = 0.
    radius_twiceold = 0.
    iters = 0.
    while True:
        radius_thriceold = radius_twiceold
        radius_twiceold = radius_old
        radius_old = radius_new
        x_l0 = np.copy(x_l1)
        x_l1, density = _step(x_l0, X, W=W, h=h)
        error = density − prob
        prob = density
        radius_new = np.linalg.norm(x_l1−x_l0)
        radius = radius_thriceold + radius_twiceold + radius_old + radius_new
        iters += 1
        if iters>3 and error < eps:
            break
    return [x_l1, prob, radius]
```

```python
def _step(x_l0, X, W=None, h=0.1):
    n = X.shape[0]
    d = X.shape[1]
    superweight = 0. #superweight is the kernel X weight for each item
    x_l1 = np.zeros((1, d))
    if W is None:
        W = np.ones((n, 1))
    else:
        W = W
    for j in range(n):
        kernel = kernelize(x_l0, X[j], h, d)
        kernel = kernel * W[j]/(h**d)
        superweight = superweight + kernel
        x_l1 = x_l1 + (kernel * X[j])
    x_l1 = x_l1/superweight
    density = superweight/np.sum(W)
    return [x_l1, density]


def kernelize(x, y, h, degree):
    kernel = np.exp(-(np.linalg.norm(x-y)/h)**2./2.)/((2.*np.pi)**(degree/2))
    return kernel
class DENCLUE(BaseEstimator, ClusterMixin):
def __init__(self, h=None, eps=1e-8, min_density=0., metric='euclidean'):
        self.h = h
        self.eps = eps
        self.min_density = min_density
        self.metric = metric

    def fit(self, X, y=None, sample_weight=None):
        if not self.eps > 0.0:
            raise ValueError("eps must be positive.")
        self.n_samples = X.shape[0]
```

```python
        self.n_features = X.shape[1]
        density_attractoimport numpy as np
from sklearn.base import BaseEstimator, ClusterMixin
import networkx as nx
def _hill_climb(x_t, X, W=None, h=0.1, eps=1e-7):


    error = 99.
    prob = 0.
    x_l1 = np.copy(x_t)


    radius_new = 0.
    radius_old = 0.
    radius_twiceold = 0.
    iters = 0.
    while True:
        radius_thriceold = radius_twiceold
        radius_twiceold = radius_old
        radius_old = radius_new
        x_l0 = np.copy(x_l1)
        x_l1, density = _step(x_l0, X, W=W, h=h)
        error = density − prob
        prob = density
        radius_new = np.linalg.norm(x_l1−x_l0)
        radius = radius_thriceold + radius_twiceold + radius_old + radius_new
        iters += 1
        if iters>3 and error < eps:
            break
    return [x_l1, prob, radius]
def _step(x_l0, X, W=None, h=0.1):
    n = X.shape[0]
    d = X.shape[1]
    superweight = 0. #superweight is the kernel X weight for each item
```

```
        x_l1 = np.zeros((1, d))
        if W is None:
            W = np.ones((n, 1))
        else:
            W = W
        for j in range(n):
            kernel = kernelize(x_l0, X[j], h, d)
            kernel = kernel * W[j]/(h**d)
            superweight = superweight + kernel
            x_l1 = x_l1 + (kernel * X[j])
        x_l1 = x_l1/superweight
        density = superweight/np.sum(W)
        return [x_l1, density]


def kernelize(x, y, h, degree):
    kernel = np.exp(-(np.linalg.norm(x-y)/h)**2./2.)/((2.*np.pi)**(degree/2))
    return kernel
class DENCLUE(BaseEstimator, ClusterMixin):
def __init__(self, h=None, eps=1e-8, min_density=0., metric='euclidean'):
        self.h = h
        self.eps = eps
        self.min_density = min_density
        self.metric = metric


    def fit(self, X, y=None, sample_weight=None):
        if not self.eps > 0.0:
            raise ValueError("eps must be positive.")
        self.n_samples = X.shape[0]
        self.n_features = X.shape[1]
        density_attractors = np.zeros((self.n_samples, self.n_features))
        radii = np.zeros((self.n_samples, 1))
        density = np.zeros((self.n_samples, 1))
```

```
#create default values
if self.h is None:
    self.h = np.rs = np.zeros((self.n_samples, self.n_features))
radii = np.zeros((self.n_samples, 1))
density = np.zeros((self.n_samples, 1))


#create default values
if self.h is None:
    self.h = np.std(X)/5
if sample_weight is None:
    sample_weight = np.ones((self.n_samples, 1))
else:
    sample_weight = sample_weight


#initialize all labels to noise
labels = -np.ones(X.shape[0])


#climb each hill
for i in range(self.n_samples):
    density_attractors[i], density[i], radii[i]= _hill_climb(X[i], X, W=sample_weight,
h=self.h, eps=self.eps)


cluster_info = {}
num_clusters = 0
cluster_info[num_clusters]={'instances': [0],
                'centroid': np.atleast_2d(density_attractors[0])}
g_clusters = nx.Graph()
for j1 in range(self.n_samples):
g_clusters.add_node(j1，attr_dict={'attractor':density_attractors[j1]，'radius':radii
[j1], 'density':density[j1]})
```

```
#populate cluster graph
for j1 in range(self.n_samples):
    for j2 in (x for x in range(self.n_samples) if x != j1):
        if g_clusters.has_edge(j1, j2):
            continue
diff = np.linalg.norm(g_clusters.node[j1]['attractor']−g_clusters.node[j2]['attractor'])
        if diff <= (g_clusters.node[j1]['radius']+g_clusters.node[j1]['radius']):
            g_clusters.add_edge(j1, j2)


#connected components represent a cluster
clusters = list(nx.connected_component_subgraphs(g_clusters))
num_clusters = 0


#loop through all connected components
for clust in clusters:


    max_instance = max(clust, key=lambda x: clust.node[x]['density'])
    max_density = clust.node[max_instance]['density']
    max_centroid = clust.node[max_instance]['attractor']



    complete = False
    c_size = len(clust.nodes())
    if clust.number_of_edges() == (c_size*(c_size−1))/2.:
        complete = True


    cluster_info[num_clusters]= {'instances': clust.nodes(),
                    'size': c_size,
                    'centroid': max_centroid,
                    'density': max_density,
                    'complete': complete}
```

```
        if max_density >= self.min_density:
            labels[clust.nodes()]=num_clusters
        num_clusters += 1
    self.clust_info_ = cluster_info
    self.labels_ = labels
    return self


def get_density(self, x, X, y=None, sample_weight=None):
    superweight=0.
    n_samples = X.shape[0]
    n_features = X.shape[1]
    if sample_weight is None:
        sample_weight = np.ones((n_samples, 1))
    else:
        sample_weight = sample_weight
    for y in range(n_samples):
        kernel = kernelize(x, X[y], h=self.h, degree=n_features)
        kernel = kernel * sample_weight[y]/(self.h**n_features)
        superweight = superweight + kernel
    density = superweight/np.sum(sample_weight)
    return density


def set_minimum_density(self, min_density):
    self.min_density = min_density
    labels_copy = np.copy(self.labels_)
    for k in self.clust_info_.keys():
        if self.clust_info_[k]['density']<min_density:
            labels_copy[self.clust_info_[k]['instances']]= −1
        else:
            labels_copy[self.clust_info_[k]['instances']]= k
    self.labels_ = labels_copy
    return self
```

4.优缺点分析

DENCLUE算法是一种泛化的基于核密度估计的聚类算法，通过选取不同的影响函数，算法可概括为DBSCAN算法；而算法对于基于中心的聚类在簇的合并上采用基于距离的方法时，又可以产生类似于k-均值算法的聚类结果，这正是DENCLUE算法的灵活性的体现。

与其他聚类算法相比，DENCLUE算法主要的优点有如下一些[21]：

（1）它有一个坚实的数学基础，概括了其他的聚类方法，包括基于划分的方法、基于层次的方法及基于位置的方法。

（2）对于有大量"噪声"的数据集合，它有良好的聚类特征。

（3）对高维数据集合的任意形状的聚类，它给出了简洁的数学描述。

（4）它使用了网格单元，只保存关于实际包含数据点的网格单元的信息。它以一个基于树的存取结构来管理这些单元，因此比一些有影响的算法速度要快。

同时，由于DENCLUE算法是一种基于密度的聚类方法，因此与DBSCAN算法相同，DENCLUE算法对于参数和密度阈值的选取较为敏感，这也造成了该算法对于存在密度变化较大的区域对象进行聚类时，产生的结果不稳定。

3.3　基于层次的方法

3.3.1　概述

层次方法（Hierarchical Method）建造了一个簇的层次，对给定数据集合进行层次的分解，直到某种条件满足为止，换句话说，一个由簇构成的树，也常被称为树状图（Dendrogram）[22]。因此，这种方法通过前一阶段确定的簇来发现后续的簇。它分为两种方法，即凝聚（Agglomerative）方法和分裂（Divisive）方法，取决于层次分解是以自底向上（合并）方式形成还是以自顶向下（分裂）方式形成。

凝聚的层次算法也叫自底向上（Bottom-up）的聚类方法，在初始情况下，它把每个数据点都当作一个独立的簇，然后迭代地在后续步骤中把距离较近的小簇合并成较大的簇。直到所有的对象都在一个簇中，或者某个终结条件被满足，绝大多数层次聚类方法属于这一类，它们只是在簇间相似度的定义上有所不同。

分裂的层次算法也叫作自顶向下（Top-down）的聚类方法，它与凝聚的层次聚类相反，在开始时把整个数据集当作一个大簇，然后迭代地在后续步骤中划分成较小的簇。直到每个对象自成一簇，或者达到了某个终止条件。它的优点就是算法思想简单，适合于大量数据的聚类，但是一旦某个操作被执行，就不能被撤销。层次凝聚的代表是AGNES算法，层次分裂的代表是DIANA算法，这两种层次聚类都通过指定期望的簇个数或者层次个数来停止聚类。

3.3.2 BIRCH算法

BIRCH（Balanced Iterative Reducing and Clustering using Hierarchies）[23]算法是一种针对大规模数据集的聚类算法，它将数据集首先以一种紧凑的压缩格式存放，直接在压缩的数据集上进行聚类而不是在原始数据集上聚类，它的I/O成本与数据集的大小呈线性关系。BIRCH算法中引入了两个概念：聚类特征（Clustering Feature，CF）和聚类特征树（CF_tree）。通过这两个概念对簇（Cluster）进行概括，利用各个簇之间的距离，采用层次方法平衡迭代对数据集进行规约和聚类。该算法采用平衡树结构，综合考虑系统的内存、时间开销、聚类质量等问题，对大规模数据集具有较高的处理速度，而且满足数据的可伸缩性，从而可被应用于许多不同的领域[24]。

1.聚类特征(CF)

CF[25]是BIRCH聚类算法的核心，CF树中的每一个节点都是由CF特征向量组成，每个CF向量都是一个三元组。CF表示一个簇，汇总了簇的信息。假设给定簇中包含的n个d维对象表示为$\{x_i\}$，则该簇的聚类特征（CF）定义为：

$CF=<n,\ LS,\ SS>$

其中，n是簇内信息点的数目，LS是n个点的线性和，即$LS = \sum_{i=1}^{n} x_i$，SS是n个数据点的平方和，即$SS = \sum_{i=1}^{n} x_i^2$。

CF向量具有可加性，$CF_1 = (n_1,\ LS_1,\ SS_1)$，$CF_2 = (n_2,\ LS_2,\ SS_2)$分别是两个不同的簇的聚类特征，则两个类合并后生成的新簇的CF向量为$CF_1 + CF_2 = (n_1 + n_2,\ LS_1 + LS_2,\ SS_1 + SS_2)$。

CF向量代表了该类中所有数据点的统计特征。所以当把一个数据点分配给某个类的时候，就丢失了该数据点的属性值等详细特征。因此，BIRCH聚类可在很大程度上对数据集进行压缩[26]。

2.聚类特征树(CF tree)

CFtree的结构类似于一棵B-树，它有三个主要参数：内部节点平衡因子B；叶节点平衡因子L；簇半径阈值T。树中每个非叶节点最多包含B个孩子节点，记为（CF_i，$CHILD_i$），$1 \leq i \leq B$，CF_i是这个节点中子簇的CF，$CHILD_i$是指向它的第i个孩子节点的指针，对应于这个节点的第 i 个聚类特征。每个叶子节点最多有 L 个条目，此外，每一个叶子节点都包含一个前向指针 prev 和后向指针 next，用来连接所有的叶子节点，这样可以提高查询的速度。每一个叶子节点同时也代表组成该节点的各个条目代表的子簇所组成的簇，同时每个叶子节点所包含的条目的数量必须满足阈值 T 的要求。T 越大，CF 树越小。对一个数据集进行压缩后形成了 BIRCH 算法的 CF 特征树，每一个叶子节点都代表一个包含了若干数据的簇。簇中包含的数据点数目与原始数据集在该区域的密集程度有关，越密集，簇中数据越多。

一棵 CF 树是高度平衡的树，它存储了层次聚类的聚类特征。图 3.21 给出了 CF 树结构。根据定义，树中的非叶节点有后代或"子女"，它们存储了其子女节点的 CF 的总和，即汇总了其子女节点的聚类信息。

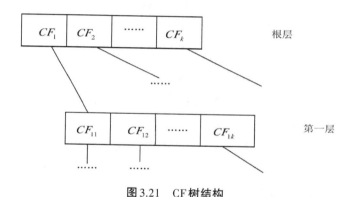

图 3.21 CF 树结构

一个 CF 条目（该条目可以是单个的数据点，也可以是包含多个数据点的子类）插入 CF 特征树的算法如下[26]：

（1）从根节点开始，自上而下，计算当前数据与要插入的数据点之间的距离，找到最短路径，选择最近的叶子节点。

（2）到达叶子节点后，检查最近的条目 CF_i 能否吸收此条目，如距离小于阈值，则吸收该条目，并对该条目的 CF 特征向量进行更新；如果大于阀值则转下一步。

（3）检查当前叶子节点条目个数是否小于平衡因子 L，如果是则为该条目在该叶子及节点新建一个条目，否的话将叶子节点进行分裂。将叶子节点中距离最远的元组，作为新叶子节点的初始元组，其余的元组按照距离大小分配到分裂得到的两个新的元组，删除掉原始节点。

（4）更新每个非叶子节点的 CF 信息。

3. BIRCH 算法思想

BIRCH 算法的过程就是把数据集中的样本一次插入一棵树中，同时保证叶子节点上的都是初始样品数据，树的构成如图3.22所示[28]：

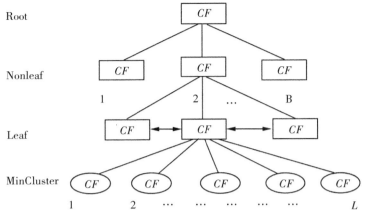

图3.22　CF树构造图

在这棵树中有3种类型的节点：Nonleaf、Leaf、MinCluster，Root可能是一种Nonleaf，也可能是一种Leaf。所有的Leaf放入一个双向链表中，每一个节点都包含一个 CF 值。比如有一个MinCluster里包含3个数据点（1，2，3），（4，5，6），（7，8，9），则 $N=3$。每个节点的 CF 值就是其所有孩子节点 CF 值之和，以每个节点为根节点的子树都可以看成是一个簇。Nonleaf、Leaf、MinCluster都是有大小限制的，Nonleaf的孩子节点不能超过 B 个，Leaf最多只能有 L 个MinCluster，而一个MinCluster的直径不能超过 $T^{[28, 29]}$。

算法起初，先扫描数据库，拿到第一个data point instance，先创建一个空的Leaf和MinCluster，把点（1，2，3）的id值放入Mincluster，更新MinCluster的 CF 值为（1，（1，2，3），（1，4，9）），把MinCluster作为Leaf的一个孩子，更新Leaf的 CF 值为（1，（1，2，3），（1，4，9））。实际上只要往树中放入一个 CF （这里用 CF 为Nonleaf、Leaf、MinCluster的统称），就要更新从Root到该叶子节点的路径上所有节点的 CF 值[30]。

当又有一个数据点要插入树中时，把这个点封装为一个MinCluster（这样它就有了一个 CF 值），把新到的数据点记为CF_new，拿到树的根节点的各个孩子节点的CF值，根据 D_2 来找到与CF_new最接近的节点，然后把CF_new加入那个子树上。这是一个递归的过程。递归的终止点是要把CF_new加入一个MinCluster中，如果加入之后MinCluster的直径没有超过 T，则直接加入，否则CF_new要单独作为一个簇，成为MinCluster的兄弟节点。插入之后注意更新该节点及其所有祖先节点的CF值。

插入新节点后，可能有些节点的孩子数大于 B （或 L），此时该节点要分裂。对于Leaf，它现在有 $L+1$ 个MinCluster，需要新创建一个Leaf，使它作为原Leaf的兄弟节点，同时注意每新创建一个Leaf都要把它插入双向链表中。$L+1$个MinCluster要分到这两个Leaf中，分配的方法为：找出这$L+1$个MinCluster中距离最远的两个Cluster（根据D_2），剩下的Cluster看离哪个近就跟谁站在一起。分好后更新两个Leaf的CF值，其祖先节点的CF值没有变化，不需要更新。这可能导致祖先节点的递归分裂，因为Leaf分裂后恰好其父节点的孩子数超过了B。Nonleaf的分裂方法与Leaf的相似，只不过产生新的Nonleaf后不需要把它放入一个双向链表中。如果是树的根节点要分裂，则树的高度加1[31, 32]。

BIRCH算法主要包含以下四个步骤[33]：

（1）扫描整个数据集，将数据依次插入，逐步构建起一个初始的CF树（聚类特征树），如果在插入的过程中遇到内存不足的情况，则提升阈值，在先前的CF树基础之上重新构建一个较小的树，满足内存需求。建树完成后，将集中的样品点划分为一类，零星的离散点当作是孤立点或噪声点。

（2）二次聚类。在步骤（1）中，数据样品总是被插入距离其最近的叶节点（簇）中，并且一旦将其插入成功，更新其父节点的CF值状态，同时该数据的信息也会自下而上传到root节点中；如果不能正常插入，即叶节点（簇）半径大于先前设定的阈值，此叶节点将要被分裂——新数据的插入和分裂的过程基本类似于构建B+树的过程。如果过程中内存占用过大，就按照步骤（1）中的办法，通过调节阈值改变树的大小重新建树，需要注意的是，这里重建特征树的时候不需要再次扫描整个数据集，而是在已存在的特征树的叶节点基础之上重新构建，由此可知，整个建树的过程只需要扫描一次数据集。

（3）这个步骤是可选的。在步骤（1）（2）中可能会存在由于输入顺序和页面大小大带来的分裂。使用全局/半全局聚类算法对所有叶节点重新聚类来补救先前的分裂，提升现有聚类结果的质量。

（4）这个步骤是可选的。将数据重新划分到最近的中心点附近，这里的中心点为步骤（3）中的中心点，以确保重复数据被分到同一个叶节点（簇）中，同时可以添加簇标签。

BIRCH算法并未具体给出如何设定步骤（1）中阈值T的方法，一般仅仅将T简单赋值为0，而步骤（2）中增大阈值T的方法也没有给出。

BIRCH流程图如图3.23所示[27]。

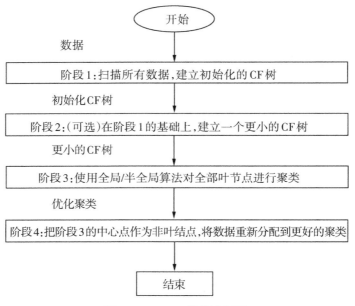

图 3.23　BIRCH算法流程图

4. BIRCH 算法细节补充

在把一个新的数据节点 x 插入 CF 树时，总是将 x 插入与自身最近的一个叶节点，其中涉及点与簇的距离。给定一个包含 n 个节点的簇 $K = \{x_1, x_2, \cdots, x_n\}$。$K$ 的质心 C 定义为：

$$C = \frac{\sum_{i=1}^{n} x_i}{n} \tag{3.14}$$

点与簇的距离也就是点与此簇质心的距离。算法中我们使用的是欧几里得距离。

每个叶节点对应一个阈值 T，T 代表簇的直径上限。直径 D 是簇中所有节点中两节点间距离的均方根，D 反映了质心周围簇的紧凑程度。簇 K 的直径 D 定义为：

$$D = \sqrt{\frac{\sum_{i=1}^{n} \sum_{j=1}^{n} (x_i - x_j)^2}{n(n-1)}} \tag{3.15}$$

BIRCH算法中，每插入一个新节点，需要进行多次距离度量以找出与插入节点最近的簇，同时需要计算簇的直径以判断是否超过阈值。计算一个包含 n 个节点簇的质心的时间代价和计算直径的时间代价分别为 $O(n)$ 和 $O(n^2)$。随着点不断加入聚类问题中，越来越多的节点被加入簇中，每次的距离度量与直径计算的时间代价将使算法难以承受。所以，算法中采用一个 CF 三元组结构 (N, LS, SS)，它汇总了簇的信息。每当簇发生变化时，同时更新簇的 CF 三元组。三元组中的信息有助于帮助计算质心、距离度量和直径计算。它们提供了足够的信息可以使距离度量与直径计算的复杂度降低到$O(1)$。现在，质心C用CF三元组表示为：

$$C = \frac{\overline{LS}}{n} \tag{3.16}$$

簇的直径D变换得：

$$D = \sqrt{\frac{2n\sum_{i=1}^{n}x_i^2 - 2(\sum_{i=1}^{n}x_i)^2}{n(n-1)}} \tag{3.17}$$

其中$\sum_{i=1}^{n}x_i^2$部分是SS，$\sum_{i=1}^{n}x_i$部分是LS。直径D用CF三元组表示：

$$D = \sqrt{\frac{2nSS - 2\overline{(LS)}^2}{n(n-1)}} \tag{3.18}$$

5.程序实现

```
print(__doc__)
from itertools import cycle
from time import time
import numpy as np
import matplotlib.pyplot as plt
import matplotlib.colors as colors
from sklearn.preprocessing import StandardScaler
from sklearn.cluster import Birch，MiniBatchKMeans
from sklearn.datasets.samples_generator import make_blobs
xx = np.linspace(-22, 22, 10)
yy = np.linspace(-22, 22, 10)
xx, yy = np.meshgrid(xx, yy)
n_centres = np.hstack((np.ravel(xx)[：, np.newaxis], np.ravel(yy)[:, np.newaxis]))
X, y = make_blobs(n_samples=100000, centers=n_centres, random_state=0)
colors_ = cycle(colors.cnames.keys())
fig = plt.figure(figsize=(12, 4))
fig.subplots_adjust(left=0.04, right=0.98, bottom=0.1, top=0.9)
birch_models = [Birch(threshold=1.7, n_clusters=None),
          Birch(threshold=1.7, n_clusters=100)]
final_step = ['without global clustering', 'with global clustering']
for ind, (birch_model, info) in enumerate(zip(birch_models, final_step)):
```

```
t = time()
birch_model.fit(X)
time_ = time() − t
print("Birch %s as the final step took %0.2f seconds" % (info, (time() − t)))
labels = birch_model.labels_
centroids = birch_model.subcluster_centers_
n_clusters = np.unique(labels).size
print("n_clusters : %d" % n_clusters)
ax = fig.add_subplot(1, 3, ind + 1)
for this_centroid, k, col in zip(centroids, range(n_clusters), colors_):
    mask = labels == k
    ax.scatter(X[mask, 0], X[mask, 1],
        c='w', edgecolor=col, marker='.', alpha=0.5)
    if birch_model.n_clusters is None:
        ax.scatter(this_centroid[0], this_centroid[1], marker='+',
            c='k', s=25)
ax.set_ylim([−25, 25])
ax.set_xlim([−25, 25])
ax.set_autoscaley_on(False)
ax.set_title('Birch %s' % info)
mbk = MiniBatchKMeans(init='k−means++', n_clusters=100, batch_size=100,
        n_init=10, max_no_improvement=10, verbose=0,
        random_state=0)
t0 = time()
mbk.fit(X)
t_mini_batch = time() − t0
print("Time taken to run MiniBatchKMeans %0.2f seconds" % t_mini_batch)
mbk_means_labels_unique = np.unique(mbk.labels_)
ax = fig.add_subplot(1, 3, 3)
for this_centroid, k, col in zip(mbk.cluster_centers_, range(n_clusters), colors_):
    mask = mbk.labels_ == k
    ax.scatter(X[mask, 0], X[mask, 1], marker='.',
```

```
                    c='w´, edgecolor=col, alpha=0.5)
         ax.scatter(this_centroid[0], this_centroid[1], marker='+´, c='k´, s=25)
   ax.set_xlim([-25, 25])

   ax.set_ylim([-25, 25])

   ax.set_title("MiniBatchKMeans")

   ax.set_autoscaley_on(False)

   plt.show()
```

这个例子比较了BIRCH算法的时间（有和没有全局的聚类步骤）和MiniBatchK-Means在一个合成数据集上使用make_blobs生成100,000个样本和2个特征。

如果"n_clusters"设置为None, 数据将从100,000减少采样到一组158个集群。这可以被看作是预处理在最终（全局）聚类步骤之前进一步减少这些步骤158个群集到100个群集。

结果图:

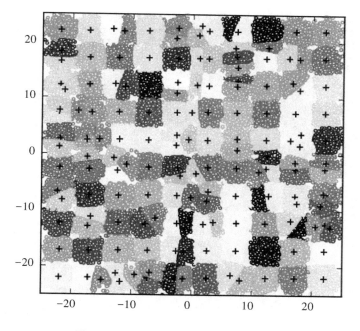

图3.24 BIRCH without global clustering

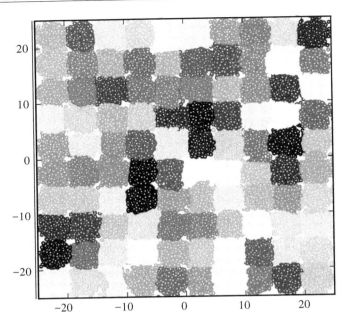

图3.25   BIRCH with global clustering

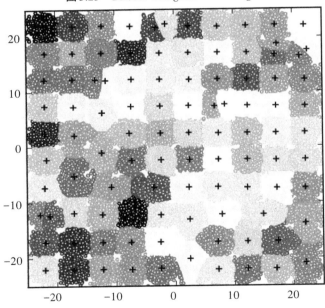

图3.26   MiniBatch k-Means

6.优缺点分析

BIRCH算法的主要优点有[26]：

（1）BIRCH算法可以大大降低内存占用，非常节省内存。实际存放数据的叶子节点是保存在本地硬盘上的，非叶子节点仅保存特征向量CF和用于指向父亲节点和子节点的。这同时意味着BIRCH聚类算法能够处理超大规模的数据。

（2）BIRCH算法聚类速度很快。将两个簇进行合并时只需要对两个簇的CF特征向量进行加法运算。衡量簇与簇之间距离时只需要将合并前后的CF的值进行减法运算即可。同时，聚类特征树是一种B树，在上面进行插入操作和查找操作都是很快的。

（3）BIRCH算法通过对数据的一遍扫描就能够建立聚类特征树。

（4）BIRCH算法能够识别数据集中的噪声数据。在建立好聚类特征树之后，那些与其他簇相比包含数据点明显偏少的簇，它所包含的数据点就认为是该数据集中存在的噪声数据。

BIRCH算法的不足之处：

（1）BIRCH算法结果受到数据插入顺序的影响。同样的数据，插入的顺序不同，最后可能被分配到不同的簇中。

（2）BIRCH算法的结果可能与自然状态相差较大。因为BIRCH聚类对每个节点所能包含的数据点的个数通过相应的参数进行了限制，所以可能聚类过后得到的结果簇可能与自然簇相差比较大。

（3）只能处理连续型属性数据。BIRCH算法采用欧几里得距离计算方法，只能够处理连续型属性的数据，而现实生活中的各种数据普遍存在离散属性，如职业、地区、颜色、状态等。

3.3.3 Chameleon算法

Chameleon[34]算法是一种典型的基于层次的聚类算法，Chamelon的英文单词的意思是变色龙，所以这个算法又被称为变色龙算法，该算法对数据构成的稀疏图进行操作，簇对之间的相似度是通过采用动态建模方法来确定的。Chameleon算法融合了层次聚类算法CURE算法[35]和ROCK算法[36]的优点，是CURE算法和ROCK算法的改进算法。因为这两种算法有各自的局限性：ROCK算法虽然强调了簇的互连性，却忽略了簇间的近邻度信息；相反地，CURE算法则重视的是簇间的近邻度信息，却忽略了簇的互连度信息。在Chameleon算法中，簇对之间的相似度是根据簇中对象的互连性和簇间的近邻度信息来作为评定标准的，假如两个簇的互连性高且它们又离得很近就将其合并。Chamelon算法对发现任意形状的簇很有效，但同时却不得不受制于两个缺陷，即输入参数难以确定以及较高的时间复杂度。

Chameleon算法的关键思想就是"分裂–合并"（DM）策略，事实上，DM策略与人类思维中"局部构成整体"的过程是相吻合的。例如，1999年《Nature》刊登了

Lee 和 Seung 两位科学家的突出成果——非负矩阵分解（NMF）。Lee 和 Seung 将原始的人脸图像分解为多个小图像的非负加权组合，而每个小图像恰好表示了诸如"鼻子""眼睛""嘴巴"等人脸局部概念特征。他们认为，与人类识别事物的过程相似，NMF 是一种优化的机制，近似于大脑分析和存储人脸数据的过程。

1. 算法思想

Chameleon 算法是一种基于图划分的聚类算法，它采用动态建模确定簇对之间的相似度。首先，Chameleon 算法采用 k-最邻近图（k-nearest neighbor graph）[37]的方法构建稀疏图，图中节点代表数据对象，加权边代表数据对象之间的相似度；随后利用图划分算法 METIS 将 k-最近邻图划分为 m 个相对较小的子簇；最后，Chameleon 算法通过合并子簇得到真正的聚类结果。它合并子簇的方法是凝聚层次聚类算法，通过反复地合并这些子簇来得到最终的聚类结果。

为确定哪两个子簇最相似，Chameleon 算法不但考虑子簇间的相对连接度（relative inter-connectivity），而且考虑子簇间的相对接近度（relative closeness），特别是簇本身的内部特征。研究表明，Chameleon 算法在发现具有高质量任意形状聚类方面能力比较强；算法的计算复杂度为 $O(nm+n\log n+m^2\log m)$。

2. Chameleon 算法主要流程[39]

Step 1：构造 k-最邻近图。

由数据集构造 k-最邻近图 G_k，图中每个点表示数据集中的一个数据点，若数据点 a 到另一个数据点 b 的距离是所有数据点到数据点 b 的距离值中 k 个最小的值之一，则称数据点 a 是数据点 b 的 k-最邻近对象。若一个数据点是另一个数据点的 k 个最邻近对之一，则在这两个点之间加一条带权的边，边的权重表示则两个数据点之间的相似度，即它们之间的距离越大，则它们之间的近似度越小，它们之间的边的权重也越小。

Step 2：分割 k-最邻近图。

划分 G_k 图形成初始子簇，将 G_k 分解为无连接的子图。利用 hMetis 算法根据最小化截断的边的权重的和来分割 k-最邻近图得到一系列的子图。每一个子图就是用于第二阶段层次聚类的初始子簇。hMetis 划分图的过程是先把原来的图粗糙化，把相似度大的节点合并，用一个节点来代表，从而大大减少分图过程中的运算量。接下来是初始划分阶段，把上面得到的粗糙的图划分为两个部分并找到一个使得截断边权重和最小的划分。最后是反粗糙化和修正阶段。将原来粗糙化的图映射到上一级粗糙程度较低、节点较多的图上。同时移动节点以获得更好的划分。之所以要先形成子簇，并在后一阶段进行合并而不是直接划分出聚类的簇，是为了比较准确地计算互连性和近似性。因为互连性和近似性的计算需要一定的数据对象作为基础。

Step 3：合并子簇形成最终的聚类。

对初始子簇合并形成最终的簇，在这个过程中分别定义三个函数来描述子簇之间的互连性、近似性以及相似度：

（1）相对互连性函数：

$$simRI\left(C_i,C_j\right)=\frac{\left|EC\left(C_i,\ C_j\right)\right|}{\frac{\left|EC\left(C_i\right)\right|+\left|EC\left(C_j\right)\right|}{2}} \tag{3.19}$$

其中，$EC(C_i,C_j)$表示把由簇C_i和C_j组成的簇分裂为C_i和C_j的边割集；$EC(C_i)$表示将簇C_i对应的子图划分为两个大致相等部分所需截断的边割集（最小割断等分线上的边）。实际上，函数RI是相对于两个簇内部互连度对簇间绝对互连度的规范化。Chameleon算法采用相对互连度，能够克服静态互连模型算法的局限性。

（2）相对近似性函数：

$$RC\left(C_i,C_j\right)=\frac{\bar{SEC}\left(C_i,\ C_j\right)}{\frac{\left|C_i\right|}{\left|C_i\right|+\left|C_j\right|}\bar{SEC}\left(C_i\right)+\frac{\left|C_j\right|}{\left|C_i\right|+\left|C_j\right|}\bar{SEC}\left(C_i\right)} \tag{3.20}$$

$\bar{SEC}\left(C_i,\ C_j\right)$表示连接簇$C_i$和$C_j$的边的平均权重。$\bar{SEC}\left(C_i\right)$表示把簇$C_i$划分为两个大致相等部分的最小等分线切断的所有边的平均权重。$|C_i|$表示C_i中数据点的个数。实际上，函数RC是相对于两个簇内部接近度对簇间绝对接近度的规范化，采用RC函数避免了将小而稀疏的簇合并到大而密集的簇。Chameleon算法采用相对接近度，克服基于绝对接近算法的局限性。

（3）相似度函数：

$sim=RI\left(C_i,\ C_j\right)*RC\left(C_i,\ C_j\right)^\alpha$

其中α代表对相对近似性重视还是对相对互连性重视。当$\alpha>1$时表示聚类时更重视相对近似性；当$\alpha<1$时表示聚类时更重视相对互连性；如果$\alpha=1$表示既重视相对近似性又重视相对互连性。如果这个过程中，算法通过C_i和C_j的相对互连性和相对

近似度来决定两个子簇之间的相似度，选择使相似度函数 sim 最大的两个子簇进行合并。

Chameleon 选择函数 RI 和 RC 的值都高的簇进行合并，实质上是合并既有良好互连性又相互接近的两个簇。因此，在通过合并而得到最终的聚类结果的过程中，通常的合并方案有两种[38]：

（1）采用阈值的方法

通过设定 T_{RC} 和 T_{RI}，只有满足 $RC > T_{RC}$ 并且 $RI > T_{RI}$ 的子簇才进行合并。若仅有一个邻接簇 C_j 满足上述条件，则合并簇 C_i 和簇 C_j；若不止一个相邻的簇满足该条件，Chameleon 算法选择与簇 C_i 绝对互连性最高的簇 C_j 合并。一旦一个簇得到了与它邻近的簇合并的机会，就选择性地合并，且重复整个过程，直到没有可合并的簇，算法终止。

（2）采用函数的方法

Chameleon 算法通过相似度函数，$sim = RI（C_i，C_j）*RC（C_i，C_j)^{\alpha}$，其中 α 是个 0 到 1 之间的参数，来决定子簇的合并。这个过程中，算法通过 C_i 和 C_j 的相对互连性和相对近似度来决定两个子簇之间的相似度，选择使相似度函数 sim 最大的两个子簇进行合并。

Chameleon 算法流程图如图 3.27 所示[39]。

3.Chameleon 算法分析

Chameleon 算法利用子簇之间的互连度和接近度进行初始子簇的合并，使得它能够很好地发现高质量的具有不同形状、大小和密度的簇。但是 Chameleon 算法在用户没有正确给出构造 k-最邻近图的 k 值、图划分时初始子簇大小阈值以及终止合并相似度阈值或期望的聚类数目的时候，很难得到理想的聚类结果。另外，Chameleon 算法在进行图划分和对初始子簇进行合并的时候都需要很大的计算量，其时间复杂度为 $O(n^2)$，n 为数据量的大小，因此，对大型数据库中的数据进行聚类分析时，Chameleon 算法并不适用[40]。

4.程序实现

Python imports

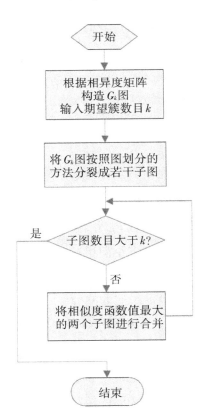

图 3.27　Chameleon 算法流程图

```python
import os
import sys
import optparse
import time
import util
def relative(*args):
    return os.path.join(os.path.dirname(os.path.abspath(__file__)), *args)
sys.path.insert(0, relative('..', 'src'))
from chameleon import PageTemplate

LOREM_IPSUM = """Quisque lobortis hendrerit posuere. Curabituraliquet consequat
sapien molestie pretium. Nunc adipiscing luctus mi, viverra porttitor lorem vulputate et. Ut at
purus sem, sed tincidunt ante. Vestibulum ante ipsum primis in faucibusorci luctus et ultri-
ces posuere cubilia Curae；  Praesent pulvinarsodales justo at congue. Praesent aliquet facili-
sis nisl amolestie. Sed tempus nisl ut augue eleifend tincidunt. Sed alacinia nulla. Cras tortor
est, mollis et consequat at, vulputate et orci. Nulla sollicitudin"""

BASE_TEMPLATE = '''
<tal:macros condition="False">
  <table metal:define-macro="table">
    <tr tal:repeat="row table">
      <td tal:repeat="col row">${col}</td>
    </tr>
  </table>
  <img metal:define-macro="img" src="${src}" alt="${alt}" />
</tal:macros>
<html metal:define-macro="master">
  <head><title>${title.strip()}</title></head>
  <body metal:define-slot="body" />
</html>
'''

PAGE_TEMPLATE = '''
<html metal:define-macro="master" metal:extend-macro="base.macros['master']">
<body metal:fill-slot="body">
```

```
<table metal:use-macro="base.macros['table']" />
images:
<tal:images repeat="nr range(img_count)">
    <img tal:define="src '/foo/bar/baz.png';
            alt 'no image :o'"
        metal:use-macro="base.macros['img']" />
</tal:images>
<metal:body define-slot="body" />
<p tal:repeat="nr paragraphs">${lorem}</p>
<table metal:use-macro="base.macros['table']" />
</body>
</html>
'''

CONTENT_TEMPLATE = '''
<html metal:use-macro="page.macros['master']">
<span metal:define-macro="fun1">fun1</span>
<span metal:define-macro="fun2">fun2</span>
<span metal:define-macro="fun3">fun3</span>
<span metal:define-macro="fun4">fun4</span>
<span metal:define-macro="fun5">fun5</span>
<span metal:define-macro="fun6">fun6</span>
<body metal:fill-slot="body">
<p>Lorem ipsum dolor sit amet, consectetur adipiscing elit.
Nam laoreet justo in velit faucibus lobortis. Sed dictum sagittis
volutpat. Sed adipiscing vestibulum consequat. Nullam laoreet, ante
nec pretium varius, libero arcu porttitor orci, id cursus odio nibh
nec leo. Vestibulum dapibus pellentesque purus, sed bibendum tortor
laoreet id. Praesent quis sodales ipsum. Fusce ut ligula sed diam
pretium sagittis vel at ipsum. Nulla sagittis sem quam, et volutpat
velit. Fusce dapibus ligula quis lectus ultricies tempor. Pellente</p>
<span metal:use-macro="template.macros['fun1']" />
<span metal:use-macro="template.macros['fun2']" />
```

```
        <span metal:use-macro="template.macros['fun3']" />
        <span metal:use-macro="template.macros['fun4']" />
        <span metal:use-macro="template.macros['fun5']" />
        <span metal:use-macro="template.macros['fun6']" />
        </body>
        </html>
        '''

def test_mako(count):
    template = PageTemplate(CONTENT_TEMPLATE)
    base = PageTemplate(BASE_TEMPLATE)
    page = PageTemplate(PAGE_TEMPLATE)
    table = [range(150) for i in range(150)]
    paragraphs = range(50)
    title = 'Hello world!'
    times = []
    for i in range(count):
        t0 = time.time()
        data = template.render(
            table=table, paragraphs=paragraphs,
            lorem=LOREM_IPSUM, title=title,
            img_count=50,
            base=base,
            page=page,
            )
        t1 = time.time()
        times.append(t1-t0)
    return times
if __name__ == "__main__":
    parser = optparse.OptionParser(
        usage="%prog [options]",
        description=("Test the performance of Chameleon templates."))
    util.add_standard_options_to(parser)
```

```
(options, args) = parser.parse_args()

util.run_benchmark(options, options.num_runs, test_mako)
```

实验结果:

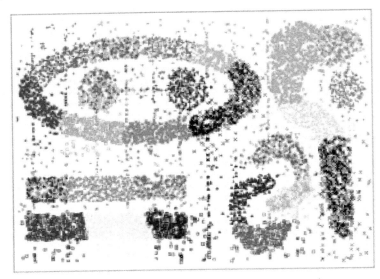

图3.28　Chameleon算法结果图a

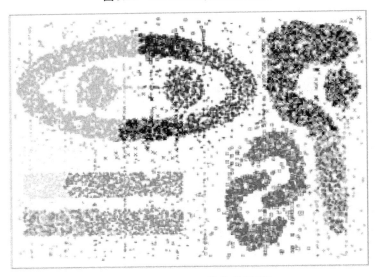

图3.29　Chameleon算法结果图b

5.Chameleon算法的优点与不足

Chameleon算法的优点[38]在于其对任意形状的簇的发现方面。即使与一些著名的算法如BIRCH算法和基于密度的DBSCAN算法相比,Chameleon算法在发现高质量的任意形状的簇的方面具有更强的能力。Chameleon算法之所以在聚类形状发现方面具有优势,原因之一在于其使用的模型是动态模块(Dynamic model),这样可以避免因为静态模块因参数的选用不当所导致的问题。在聚类的过程中，只有那些具有簇与簇之间相对互连性和相对近似性都比较高的簇才会被融合为一个新的簇。在其融合过程中使用的是一种动态模块方法，这样可以有效地发现不同形状、不同密度和不同大小的簇。Chameleon算法的另一个优点是既重视相对近似性又重视相对互连性，不像有的算法只重视两种阈值中的一种。

Chameleon算法的不足之处在于处理海量数据时效率比较低，Chameleon算法的时间复杂度平均上来说是$O(n^2)$。作为一种层次聚类算法，Chameleon算法也具有其他层次聚类算法的一些不足之处，如一步分解之后就不能再回退到原来的状态了。

3.4　流行新算法

在聚类分析的研究中，有许多亟须解决的问题，如：

（1）处理数据为大数据量、具有复杂数据类型的数据集合时，聚类分析结果的精确性问题；

（2）对高维数据的处理；

（3）数据对象分布形状不规则时的处理；

（4）处理噪声数据，需要处理数据中包含的孤立点、未知数据、空缺或者错误的数据；

（5）对数据输入顺序的独立性，也就是对于任意的数据输入顺序产生相同的聚类结果；

（6）减少对先决知识或参数的依赖型等。

这些问题的存在使得我们研究高正确率、低复杂度、I/O开销小、适合高维数据、具有高度的可伸缩性的聚类方法迫在眉睫，这也是今后聚类方法研究的方向。

3.4.1　近邻传播算法

AP（Affinity Propagation Clustering Algorithm）聚类算法是最近在《Science》上提出的一种基于数据点间的"信息传递"的新聚类算法[41]。与k-均值算法或k-中心点算法不同，AP算法不需要在运行算法之前确定聚类的个数。AP算法寻找的"examplars"即聚类中心点是数据集合中实际存在的点，作为每类的代表。

1. 算法概述

AP算法是一种根据数据对象之间的相似度自动进行聚类的方法，隶属于划分聚类方法。数据对象之间的相似度根据不同的场景选择不同的衡量准则，如欧几里得距离，随相似准则的不同，数据对象之间的相似度可能是对称的，也可能是非对称的。这些相似度组成$n\times n$（n为数据对象的数目）的相似矩阵S，利用该矩阵进行自动迭代计算。

注：相似度矩阵应该是一个负值矩阵，即每个元素的值不能大于0，如果用欧几里得距离，那么取负值即可。

AP算法根据S对角线的数值作为某个点能否成为聚类中心的评判标准，该值越大，该点成为簇中心的可能性越大，对角线上的值称为参考度p。p的大小影响簇中心的数目，若认为每个数据对象都有可能作为簇中心，那么p就应该取相同的值（此时S对角线的值都为p），当然可以根据不同点成为簇中心的可能性大小，取不同的p值（此时S对角线上的值就会不同）。如果p等于S矩阵中所有元素的均值，那么得到的簇的中心数目是中等的；如果取最小相似度，那么得到较少的聚类。

2.基本概念

Exemplar（范例）：即聚类簇代表中心点。

$s(i, j)$：数据点i与数据点j的相似度值，一般使用欧几里得距离的负值表示，即$s(i, j)$值越大表示点i与j的距离越近，AP算法中理解为数据点j作为数据点i的聚类中心的能力。

相似度矩阵：作为算法的初始化矩阵，n个点就有由$n\times n$个相似度值组成的矩阵。

Preference（参考度或称为偏好参数）：Preference是相似度矩阵中横轴、纵轴所有相同的点，如$s(i, i)$，若按欧几里得距离计算其值应为0，但在AP聚类中其表示数据点i作为聚类中心的程度，因此不能为0。迭代开始前假设所有点成为聚类中心的能力相同，因此参考度一般设为相似度矩阵中所有值的最小值或者中位数，但是参考度越大则说明各数据点成为聚类中心的能力越强，则最终聚类中心的个数越多。

Responsibility：吸引度信息，$r(i, k)$表示数据点k适合作为数据点i的聚类中心的程度，公式如下：

$$r(i, k) \leftarrow s(i, k) - \max_{k's.t.k'\neq k}\{a(i, k') + s(i, k')\} \tag{3.21}$$

其中$a(i, k')$表示除k外其他点对i点的归属度值，初始为0；$s(i, k')$表示除k外其他点对i的吸引度，即i外其他点都在争夺i点的所有权；$r(i, k)$表示数据点k成为数据点i的聚类中心的累积证明，$r(i, k)$值大于0，则表示数据点k成为聚类中心的能力强。

注意：此时只考虑哪个点k成为点i的聚类中心的可能性最大，但是没考虑这个吸引度最大的k是否也经常成为其他点的聚类中心（即归属度），若点k只是点i的聚类中心，不是其他任何点的聚类中心，则会造成最终聚类中心个数大于实际的中心个数。

Availability：归属度信息，$a(i,k)$表示数据点i选择数据点k作为其聚类中心的合适程度，公式如下：

$$a(i,k) \leftarrow \min\left\{0, r(k,k) + \sum_{i' \text{ s.t. } i' \notin \{i,k\}} \max\{0, r(i',k)\}\right\} \tag{3.22}$$

$$a(k,k) \leftarrow \sum_{i' \text{ s.t. } i' \neq k} \max\{0, r(i',k)\} \tag{3.23}$$

其中$r(i',k)$表示点k作为除i外其他点的聚类中心的相似度值，取所有大于等于0的吸引度值，加上k作为聚类中心的可能程度，即点k在这些吸引度值大于0的数据点的支持下，数据点i选择k作为其聚类中心的累积证明。

两者的关系如图3.30：

图3.30　数据点之间传递消息示意图

由上面的公式可以看出，当$P(k)$较大使得$r(k,k)$较大时，$a(i,k)$也较大，从而类代表k作为最终聚类中心的可能性较大；同样，当越多的$P(i)$较大时，越多的类代表倾向于成为最终的聚类中心。因此，增大或减小Preference可以增加或减少AP输出的聚类数目。

Damping factor：阻尼系数，为防止数据振荡，引入衰减系数λ，每个信息值等于前一次迭代更新的信息值的λ倍加上此轮更新值的$1-\lambda$倍，其中λ的取值范围为$[0, -1]$，默认为0.5。

终止条件：当迭代次数超过最大值（即$maxits$值）或者当聚类中心连续多少次迭代不发生改变（即$convits$值）时终止计算（文中设定连续50次迭代过程不发生改变时终止计算）。

3.算法流程

（1）更新相似度矩阵中每个点的吸引度信息，计算归属度信息；

（2）更新归属度信息，计算吸引度信息；

（3）对样本点的吸引度信息和归属度信息求和，检测其选择聚类中心的决策；若经过若干次迭代之后其聚类中心不变，或者迭代次数超过既定的次数，又或者一个子区域内的关于样本点的决策经过数次迭代后保持不变，则算法结束。

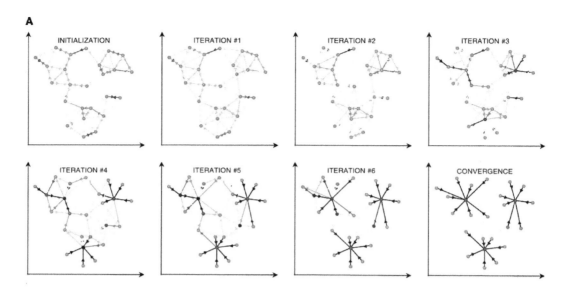

图3.31 算法实现过程

整个 AP 算法的过程是先迭代$r(i,k)$，利用迭代后的$r(i,k)$再迭代$a(i,k)$。一次迭代包括$r(i,k)$和$a(i,k)$的迭代，每次迭代后，将$r(k,k)+a(k,k)$大于 0 的数据对象k作为簇中心。当迭代次数超过设置阈值时（如 1000 次）或者当聚类中心连续多次（如 50 次）迭代不发生改变时终止迭代。

AP 算法的迭代次数和聚类数目主要受到两个参数的影响。其中聚类数目主要受参考度 Preference 的影响，该值越大，聚类数目越多。由公式可以看出，阻尼系数λ值越小，那么$r(i,k)$和$a(i,k)$相比上一次迭代的$r(i,k)$和$a(i,k)$会发生较大的变化，迭代次数会减少。

4. 算法优点分析

（1）不需要制定最终聚类簇的个数。

（2）已有的数据点作为最终的聚类中心，而不是新生成一个簇中心。

（3）模型对数据的初始值不敏感。

（4）对初始相似度矩阵数据的对称性没有要求。

（5）相比与k-Medoids 聚类方法，其结果的平方差误差较小。

5. 算法缺点分析

（1）虽然 AP 算法不用提前设置聚类中心的个数，但是需要事先设置参考度，而参考度的大小与聚类中心的个数正相关。

（2）由于 AP 算法每次迭代都需要更新每个数据点的吸引度值和归属度值，算法复杂度较高，一次迭代大概$O(n^3)$，在数据量大的情况下运行时间较长。

（3）AP算法需要事先计算每对数据对象之间的相似度，如果数据对象太多的话，内存放不下，若存在数据库，频繁访问数据库也需要时间。如果计算过程中实时计算相似度，那么计算量就大了。

（4）聚类的好坏受到参考度和阻尼系数的影响。

6.算法实现

（1）工具

Python语言的机器学习库scikit-learn。

（2）win7-64位下安装scikit-learn

配置环境：Python（>= 2.6 or >= 3.3），numpy（>= 1.6.1），SciPy（>= 0.9）。使用pip安装numpy和scipy来满足scikit-learn的安装环境。

cmd调出命令输入界面后，输入pip install -U scikit-learn，即可完成安装。

除此之外，Python科学计算集成开发环境Anaconda中已经自带最新版的scikit-learn包。

（3）示例

```
from sklearn.cluster import AffinityPropagation
from sklearn import metrics
from sklearn.datasets.samples_generator import make_blobs
# 生成测试数据
centers = [[1,1],[-1,-1],[1,-1]]
# 生成实际中心为centers的测试样本300个，X是包含300个(x,y)点的二维数组，labels_true为其对应的真是类别标签
X，labels_true=make_blobs(n_samples=300，centers=centers，cluster_std=0.5，random_ state=0)
# 计算AP
ap = AffinityPropagation(preference=-50).fit(X)
cluster_centers_indices = ap.cluster_centers_indices_   # 预测出的中心点的索引，如[123,23,34]
labels = ap.labels_   # 预测出的每个数据的类别标签，labels是一个NumPy数组
n_clusters_ = len（cluster_centers_indices）    # 预测聚类中心的个数
print('预测的聚类中心个数:%d' % n_clusters_)
print('同质性:%0.3f' % metrics.homogeneity_score(labels_true,labels))
print('完整性:%0.3f' % metrics.completeness_score(labels_true,labels))
```

```python
print('V-值: % 0.3f' % metrics.v_measure_score(labels_true, labels))
print('调整后的兰德指数:%0.3f' % metrics.adjusted_rand_score(labels_true, labels))
print('调整后的互信息:%0.3f' % metrics.adjusted_mutual_info_score(labels_true, labels))
print('轮廓系数:%0.3f' % metrics.silhouette_score(X, labels, metric='sqeuclidean'))
# 绘制图表展示
import matplotlib.pyplot as plt
from itertools import cycle
plt.close('all')    # 关闭所有的图形
plt.figure(1)    # 产生一个新的图形
plt.clf()    # 清空当前的图形
colors = cycle('bgrcmykbgrcmykbgrcmykbgrcmyk')
# 循环为每个类标记不同的颜色
for k, col in zip(range(n_clusters_), colors):
    # labels == k 使用k与labels数组中的每个值进行比较
    # 如 labels = [1,0], k=0, 则'labels==k'的结果为[False,True]
    class_members = labels == k
    cluster_center = X[cluster_centers_indices[k]]    # 聚类中心的坐标
    plt.plot(X[class_members, 0], X[class_members, 1], col + '.')
    plt.plot(cluster_center[0], cluster_center[1], markerfacecolor=col,
        markeredgecolor='k', markersize=14)
    for x in X[class_members]:
        plt.plot([cluster_center[0], x[0]], [cluster_center[1], x[1]], col)
plt.title('预测聚类中心个数:%d' % n_clusters_)
plt.show()
```

测试结果:

预测的聚类中心个数: 3

同质性: 0.872

完整性: 0.872

V-值: 0.872

调整后的兰德指数: 0.912

调整后的互信息：0.871

轮廓系数：0.753

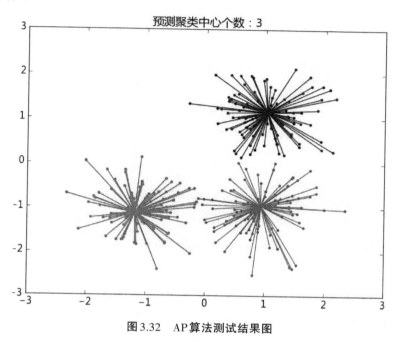

图3.32　AP算法测试结果图

3.4.2　快速聚类算法

Alex Rodriguez 和 Alessandro Laio 在《Science》上发表了一篇名为 "Clustering by fast search and find of density peaks" [42]的文章，为聚类算法的设计提供了一种新的思路。该聚类算法的基本思想很新颖，且简单明快，值得学习。这个新聚类算法的核心思想在于对聚类中心的刻画上，本节将对该算法的原理进行详细介绍，并对其中的若干细节展开讨论。

1. 算法概述

该算法的核心思想在于对聚类中心的刻画上，而且认为聚类中心同时具有以下特点：簇中心本身的密度大，由一些局部密度比较低的点围绕，并且这些点距离其他有高局部密度的点的距离都比较大。这个想法构成了聚类过程的基础，其中簇的数量直观地出现，离群值被自动发现并被排除在分析之外，并且簇被识别，而不管它们的形状和嵌入它们的空间的维度。

2. 基本概念

ρ_i：局部密度，cut-off kernel，其公式表示如下，

$$\rho_i = \sum_j \chi\left(d_{ij} - d_c\right)$$

(3.24)

其中，如果 $x<0$，那么 $\chi(x)=1$；否则 $\chi(x)=0$，d_c 为截断距离，是一个参数。基本上，ρ_i 相当于距离点 i 的距离小于 d_c 的点的个数。由于该算法只对 ρ_i 的相对值敏感，这意味着，对于大数据集，对 d_c 的选择比较鲁棒，一种推荐做法是选择 d_c 使得平均每个点的邻居数为所有点的 $1\%\sim2\%$。

δ_i：点 i 到高局部密度点的距离：

$$\delta_i = \min_{j:\rho_j>\rho_i}(d_{ij}) \tag{3.25}$$

$$\delta_i = \max_j(d_{ij}) \tag{3.26}$$

其中，对于比 i 点密度高的所有点的最近距离都用（3.25）式表示，δ_i 通过计算点 i 和任何其他具有较高密度的点之间的最小距离来测量；对于局部密度最大的点，通常采用公式（3.26），注意，δ_i 是远远大于典型的最近相邻距离，仅对于密度为局部或全局最大值的点。因此，簇中心被认为是 δ_i 的值异常大的点。

3.聚类过程

（1）找出聚类中心

那些有着比较大的局部密度 ρ_i 和很大的 δ_i 的点被认为是类簇的中心。局部密度较小但是 δ_i 较大的点是异常点。在确定了类簇中心之后，所有其他点属于距离其最近的类簇中心所代表的类簇。图例如下：

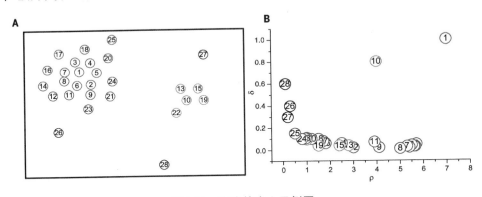

图3.33　查找簇中心示例图

图3.33中，左图是28个点在二维空间的分布，右图显示了每个点的 δ_i 作为 ρ_i 的函数的图，这种图称作决策图（decision graph）。可以看到，1号和10号两个点的 ρ_i 和 δ_i 都比较大，将其标识为聚类中心。点9和点10的 ρ_i 值相似但 δ_i 值非常不同：点9属于点1的簇，其他几个具有较高 ρ_i 的点非常接近它，而最近的邻居较高密度的点10属于另一个簇。因此，如预期的那样，高的 δ_i 和较高的 ρ_i 的点是簇中心。具有相对较高 δ_i 值和低 ρ_i 值的点26、27和28由于是孤立的，从而可以被认为是由单个点组成的簇，

即异常值。这里可以通过给定的δ_{min}和ρ_{min}筛选出同时满足$\rho_i > \rho_{min}$和$\delta_i > \delta_{min}$条件的点作为距离中心点。

（2）剩余点的类别指派

当聚类中心确定之后，剩下的点的类别标签按照以下原则指定：

当前点的类别标签与高于当前点密度的最近的点的标签一致，从而对所有点的类别进行了指定。如图3.34所示，编号表示密度高低，1表示密度最高，以此类推。1和10均为聚类中心，6号点的类别标签应该为与距离其最近的密度高于其的点一致，因此6号点属于聚类中心1，由于2号点最近的密度比其高的点为6号点，因此其类别标签与6号相同，也为聚类中心1。

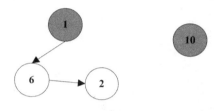

图3.34　剩余点指派的示例图

在对每一个点指派所属类别之后，文章中没有直接用噪音信号截断的方法去除噪音点，而是先算出类别之间的边界，然后找出边界中密度值最高的点的密度作为阈值，只保留前类别中大于或等于此密度值的点，这里将此密度阈值记为ρ_b。

（3）簇间边界确定

以图3.35为例，对于类别1中的所有点，计算与其他类别中所有点距离小于等于ρ_b的最大密度值，例如1号点由于其距离其他类别的点的距离均大于ρ_b，因此不予考虑。由图3.35可以看出密度第4的值距离其他类别最近，所以$\rho_b = \rho(2)$，由于8号点的密度$\rho(8) < \rho_b$，因此将其作为噪音点去除，最后得到的类别1的点为黄色圈所示1、6和2。

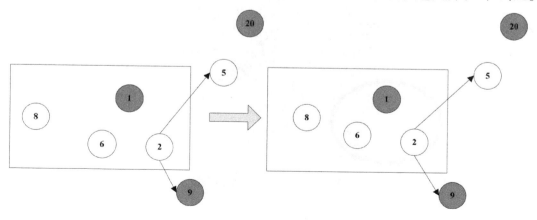

图3.35　簇边界示例图

4.聚类分析

在聚类分析中，通常需要确定每个点划分给某个簇的可靠性。在该算法中，可以首先为每个簇定义一个边界区域（border region），亦即划分给该簇但距离其他簇的点的距离小于d_c的点。然后为每个簇找到其边界区域的局部密度最大的点，令其局部密度为ρ_h。该类簇中所有局部密度大于ρ_h的点被认为是簇核心（core）的一部分（亦即将该点划分给该簇的可靠性很大），其余的点被认为是该簇的光晕（halo），亦即可以认为是噪音。图例如下：

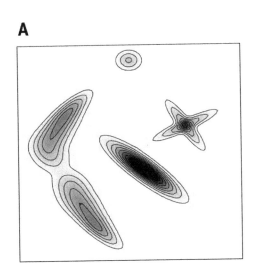

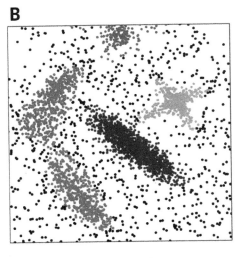

图3.36　合成点分布的结果图

C

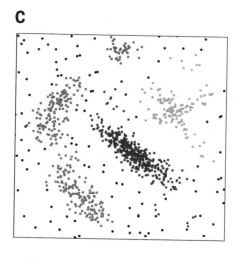

D

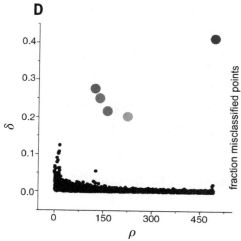

E

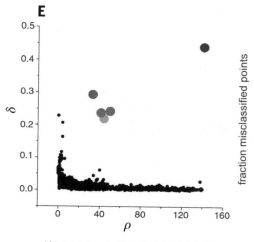

续图 3.36 合成点分布的结果图

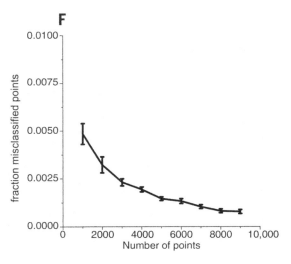

续图3.36　合成点分布的结果图

　　A图绘制了生成数据的概率分布，强度最低的区域对应均匀背景概率的20%；B、C两图分别为样本是4000和1000点的点分布；D、E分别是B、C两组数据的决策图，可以看到两组数据都只有五个点有比较大的ρ_i和很大的δ_i。这些点作为类簇的中心，在确定了类簇的中心之后，每个点被划分到各个类簇（彩色点），或者是划分到类簇光晕（黑色点）；F图展示的是随着抽样点数量的增多，聚类的错误率在逐渐下降，说明该算法是鲁棒的。误差条表示平均值的标准误差。

　　最后展示一下该算法在各种数据分布上的聚类效果。

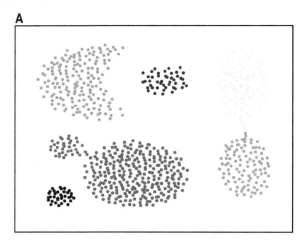

图3.37　算法聚类效果图

B

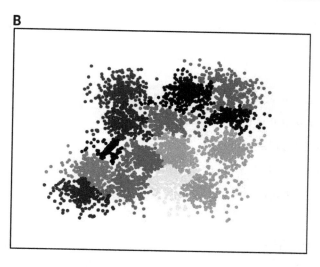

C

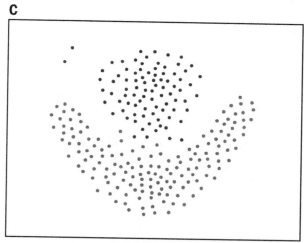

D

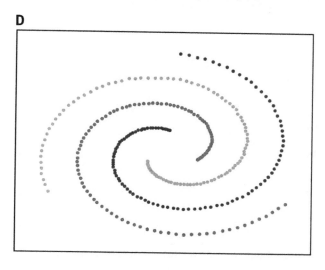

续图3.37　算法聚类效果图

5. 算法实现（Matlab）

```
1.clear all

2.close all

3.disp('The only input needed is a distance matrix file')

4.disp('The format of this file should be: ')

5.disp('Column 1: id of element i')

6.disp('Column 2: id of element j')

7.disp('Column 3: dist(i, j)')

8.

9.%% 从文件中读取数据

10. mdist=input('name of the distance matrix file (with single quotes)?\n');

11. disp('Reading input distance matrix')

12. xx=load(mdist);

13. ND=max(xx(:, 2));

14. NL=max(xx(:, 1));

15. if (NL>ND)

16.   ND=NL;   %% 确保 DN 取为第一二列最大值中的较大者，并将其作为数据
点总数

17. end

18.

19. N=size(xx, 1);   %% xx 第一个维度的长度，相当于文件的行数（即距离的总
个数）

20.

21. %% 初始化为零

22. for i=1:ND

23.   for j=1:ND

24.     dist(i, j)=0;

25.   end

26. end

27.

28. %% 利用 xx 为 dist 数组赋值，注意输入只存了 0.5*DN(DN−1) 个值，这里将
其补成了满矩阵
```

29. %% 这里不考虑对角线元素

30. for i=1:N

31.　ii=xx(i, 1);

32.　jj=xx(i, 2);

33.　dist(ii, jj)=xx(i, 3);

34.　dist(jj, ii)=xx(i, 3);

35.　end

36.

37. %% 确定 dc

38.

39. percent=2.0;

40. fprintf('average percentage of neighbours (hard coded): %5.6f\n', percent);

41.

42.　position=round(N*percent/100);　%% round 是一个四舍五入函数

43.　sda=sort(xx(:, 3));　%% 对所有距离值作升序排列

44.　dc=sda(position);

45.

46.　%% 计算局部密度 rho (利用 Gaussian 核)

47.

48.　fprintf('Computing Rho with gaussian kernel of radius: %12.6f\n', dc);

49.

50.　%% 将每个数据点的 rho 值初始化为零

51.　for i=1:ND

52.　　rho(i)=0.;

53.　end

54.

55.　% Gaussian kernel

56.　for i=1:ND−1

57.　　for j=i+1:ND

58.　　　rho(i)=rho(i)+exp(−(dist(i, j)/dc)*(dist(i, j)/dc));

59.　　　rho(j)=rho(j)+exp(−(dist(i, j)/dc)*(dist(i, j)/dc));

60.　　end

```
61.  end
62.
63.  % "Cut off" kernel
64.  %for i=1:ND-1
65.  %  for j=i+1:ND
66.  %    if (dist(i, j)<dc)
67.  %      rho(i)=rho(i)+1.;
68.  %      rho(j)=rho(j)+1.;
69.  %    end
70.  %  end
71.  %end
72.
73.  %% 先求矩阵列最大值, 再求最大值, 最后得到所有距离值中的最大值
74.  maxd=max(max(dist));
75.
76.  %% 将 rho 按降序排列, ordrho 保持序
77.  [rho_sorted, ordrho]=sort(rho, ´descend´);
78.
79.  %% 处理 rho 值最大的数据点
80.  delta(ordrho(1))=-1.;
81.  nneigh(ordrho(1))=0;
82.
83.  %% 生成 delta 和 nneigh 数组
84.  for ii=2:ND
85.    delta(ordrho(ii))=maxd;
86.    for jj=1:ii-1
87.      if(dist(ordrho(ii), ordrho(jj))<delta(ordrho(ii)))
88.        delta(ordrho(ii))=dist(ordrho(ii), ordrho(jj));
89.        nneigh(ordrho(ii))=ordrho(jj);
90.        %% 记录 rho 值更大的数据点中与 ordrho(ii) 距离最近的点的编号 ordrho(jj)
91.      end
```

92.　　end

93.　end

94.

95.　%% 生成 rho 值最大数据点的 delta 值

96.　delta(ordrho(1))=max(delta(:));

97.

98.　%% 决策图

99.

100. disp('Generated file:DECISION GRAPH')

101. disp('column 1:Density')

102. disp('column 2:Delta')

103.

104. fid = fopen('DECISION_GRAPH', 'w');

105. for i=1:ND

106.　fprintf(fid, '%6.2f %6.2f\n', rho(i), delta(i));

107. end

108.

109. %% 选择一个围住类中心的矩形

110. disp('Select a rectangle enclosing cluster centers')

111.

112. %% 每台计算机, 句柄的根对象只有一个, 就是屏幕, 它的句柄总是 0

113. %% >> scrsz = get(0, 'ScreenSize')

114. %% scrsz =

115. %%　　　　1　　　　1　　　1280　　　　800

116. %% 1280 和 800 就是你设置的计算机的分辨率, scrsz(4) 就是 800, scrsz(3) 就是 1280

117. scrsz = get(0, 'ScreenSize');

118.

119. %% 人为指定一个位置, 感觉就没有那么 auto 了 :-)

120. figure('Position', [6 72 scrsz(3)/4. scrsz(4)/1.3]);

121.

122. %% ind 和 gamma 在后面并没有用到

123. for i=1:ND

124.　ind(i)=i;

125.　gamma(i)=rho(i)*delta(i);

126. end

127.

128. %% 利用 rho 和 delta 画出一个所谓的"决策图"

129.

130. subplot(2, 1, 1)

131. tt=plot(rho(:), delta(:), ´o´, ´MarkerSize´, 5, ´MarkerFaceColor´, ´k´, ´MarkerEdge-Color´, ´k´);

132. title (´Decision Graph´, ´FontSize´, 15.0)

133. xlabel (´\rho´)

134. ylabel (´\delta´)

135.

136. subplot(2, 1, 1)

137. rect = getrect(1);

138. %% getrect 从图中用鼠标截取一个矩形区域, rect 中存放的是

139. %% 矩形左下角的坐标 (x, y) 以及所截矩形的宽度和高度

140. rhomin=rect(1);

141. deltamin=rect(2);　　%% 作者承认这是个 error, 已由 4 改为 2 了!

142.

143. %% 初始化 cluster 个数

144. NCLUST=0;

145.

146. %% cl 为归属标志数组, cl(i)=j 表示第 i 号数据点归属于第 j 个 cluster

147. %% 先统一将 cl 初始化为 −1

148. for i=1:ND

149.　cl(i)=−1;

150. end

151.

152. %% 在矩形区域内统计数据点(即聚类中心)的个数

153. for i=1:ND

154.　if ((rho(i)>rhomin) && (delta(i)>deltamin))

155.　　NCLUST=NCLUST+1；

156.　　cl(i)=NCLUST；　%% 第 i 号数据点属于第 NCLUST 个 cluster

157.　　icl(NCLUST)=i；%% 逆映射, 第 NCLUST 个 cluster 的中心为第 i 号数据点

158.　end

159. end

160.

161. fprintf('NUMBER OF CLUSTERS: %i \n', NCLUST);

162.

163. disp('Performing assignation')

164.

165. %% 将其他数据点归类 (assignation)

166. for i=1:ND

167.　if (cl(ordrho(i))==−1)

168.　　cl(ordrho(i))=cl(nneigh(ordrho(i)));

169.　end

170. end

171. %% 由于是按照 rho 值从大到小的顺序遍历, 循环结束后, cl 应该都变成正的值了

172.

173. %% 处理光晕点, halo 这段代码应该移到 if (NCLUST>1) 内去比较好吧

174. for i=1:ND

175.　halo(i)=cl(i);

176. end

177.

178. if (NCLUST>1)

179.

180.　% 初始化数组 bord_rho 为 0, 每个 cluster 定义一个 bord_rho 值

181.　for i=1:NCLUST

182.　　bord_rho(i)=0.;

183.　end

```
184.
185.  % 获取每一个 cluster 中平均密度的一个界 bord_rho
186.  for i=1:ND-1
187.    for j=i+1:ND
188.      %% 距离足够小但不属于同一个 cluster 的 i 和 j
189.      if ((cl(i)~=cl(j))&& (dist(i, j)<=dc))
190.        rho_aver=(rho(i)+rho(j))/2.;  %% 取 i, j 两点的平均局部密度
191.        if (rho_aver>bord_rho(cl(i)))
192.          bord_rho(cl(i))=rho_aver;
193.        end
194.        if (rho_aver>bord_rho(cl(j)))
195.          bord_rho(cl(j))=rho_aver;
196.        end
197.      end
198.    end
199.  end
200.
201.  %% halo 值为 0 表示为 outlier
202.  for i=1:ND
203.    if (rho(i)<bord_rho(cl(i)))
204.      halo(i)=0;
205.    end
206.  end
207.
208. end
209.
210. %% 逐一处理每个 cluster
211. for i=1:NCLUST
212.   nc=0;  %% 用于累计当前 cluster 中数据点的个数
213.   nh=0;  %% 用于累计当前 cluster 中核心数据点的个数
214.   for j=1:ND
215.     if (cl(j)==i)
```

216.   nc=nc+1;

217.   end

218.   if (halo(j)==i)

219.   nh=nh+1;

220.   end

221. end

222.

223. fprintf('CLUSTER: % i CENTER: % i ELEMENTS: % i CORE: % i HALO: %
i \n', i, icl(i), nc, nh, nc−nh);

224.

225. end

226.

227. cmap=colormap;

228. for i=1:NCLUST

229.   ic=int8((i*64.)/(NCLUST*1.));

230.   subplot(2, 1, 1)

231.   hold on

232.   plot(rho(icl(i)), delta(icl(i)), 'o', 'MarkerSize', 8, 'MarkerFaceColor', cmap(ic, :),
'MarkerEdgeColor', cmap(ic, :));

233. end

234. subplot(2, 1, 2)

235. disp('Performing 2D nonclassical multidimensional scaling')

236. Y1 = mdscale(dist, 2, 'criterion', 'metricstress');

237. plot(Y1(:, 1), Y1(:, 2), 'o', 'MarkerSize', 2, 'MarkerFaceColor', 'k', 'MarkerEdge-
Color', 'k');

238. title ('2D Nonclassical multidimensional scaling', 'FontSize', 15.0)

239. xlabel ('X')

240. ylabel ('Y')

241. for i=1:ND

242. A(i, 1)=0.;

243. A(i, 2)=0.;

244. end

```
245. for i=1:NCLUST
246.   nn=0;
247.   ic=int8((i*64.)/(NCLUST*1.));
248.   for j=1:ND
249.     if (halo(j)==i)
250.       nn=nn+1;
251.       A(nn, 1)=Y1(j, 1);
252.       A(nn, 2)=Y1(j, 2);
253.     end
254.   end
255.   hold on
256.   plot(A(1:nn, 1), A(1:nn, 2), 'o', 'MarkerSize', 2, 'MarkerFaceColor', cmap(ic, :), 'MarkerEdgeColor', cmap(ic, :));
257. end
258.
259. %for i=1:ND
260. %   if (halo(i)>0)
261. %     ic=int8((halo(i)*64.)/(NCLUST*1.));
262. %     hold on
263. %     plot(Y1(i, 1), Y1(i, 2), 'o', 'MarkerSize', 2, 'MarkerFaceColor', cmap(ic, :), 'MarkerEdgeColor', cmap(ic, :));
264. %   end
265. %end
266. faa = fopen('CLUSTER_ASSIGNATION', 'w');
267. disp('Generated file:CLUSTER_ASSIGNATION')
268. disp('column 1:element id')
269. disp('column 2:cluster assignation without halo control')
270. disp('column 3:cluster assignation with halo control')
271. for i=1:ND
272.   fprintf(faa, '%i %i %i\n', i, cl(i), halo(i));
273. end
```

6.算法优点分析

该聚类算法可以得到非球形的聚类结果，可以很好地描述数据分布，同时在算法复杂度上也比一般的 k-Means 算法的复杂度低。

同时，此算法只考虑点与点之间的距离，因此不需要将点映射到一个向量空间中。

7.算法缺点分析

需要事先计算好所有点与点之间的距离。如果样本太大则整个距离矩阵的内存开销特别大，因此如果只需要得到最终聚类中心，则可以考虑牺牲速度的方式计算每一个样本点的 ρ_i 和 δ_i，避免直接加载距离矩阵。

3.4.3 形状聚类算法

存在各种各样的聚类算法，可以满足基于某些特定数据特征的应用。随着来自不同来源的空间数据集的日益增长，对可扩展算法的需求越来越紧迫。本节介绍一种基于形状聚类的方法——ABACUS: Mining Arbitrary Shaped Clusters from Large Datasets based on Backbone Identification[43]。它可以扩展到大型数据集。ABACUS 基于识别每个簇的内在结构的思想，作者将其称为集群的骨干。

1.算法概述

基于形状聚类是由集群拥有固有形状或核心形状的概念所驱动的。它是一种简单而有效的、稳健的、可扩展的空间聚类算法。该方法是基于可以生成空间簇的假设，簇中的一组核心点组成簇的骨干或固有形状，从而确定簇的固有形状。然后骨干能够轻松识别在后续阶段的真正的簇。

2.基本思想

ABACUS 聚类方法有两个阶段，详细说明如下。在第一阶段，通过由 Globbing（或点合并）和 Movement 操作组成的迭代过程来识别每个簇的骨干。在第二阶段，骨干能够轻松识别在后续阶段的真正的群集。一系列实际（地理空间卫星图像等）和综合数据集的实验证明了该方法的效率和有效性。特别是，ABACUS 比现有的基于形状的聚类方法更快，它提供了可比较或更好的聚类质量。

3.基本概念

对于 d 维欧几里得空间中 n 点的数据集 D，点 i 和 j 之间的距离由 d_{ij} 表示。数据点 i 的 k 个最近邻（kNN）由集合 $R_k(i)$ 表示。所有点的最近邻被捕获在矩阵 A 中，其中每个输入值 $A（i，j）$ 被定义为

$$A(i, j) = \begin{cases} 1 & \text{if } j \in R_k(i) \\ 0 & \text{if } j \notin R_k(i) \end{cases} \tag{3.27}$$

不像一些需要绝对半径的方法参数，最近邻居数k是独立的簇密度。因此，这个参数ABACUS对于具有不同密度的簇具有相对的鲁棒性。

图3.38（左图）显示了一个样本数据集，由7个点组成；图3.39（a）显示了其对应的kNN矩阵。图3.38（右图）显示了一次迭代后的样本数据集，而图3.39（b）显示相应更新的kNN矩阵。在这个例子中，k被设置为2。

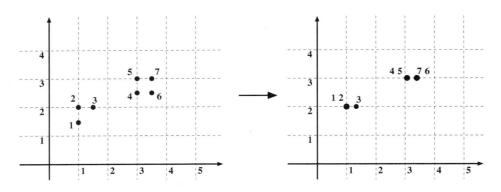

图3.38　点合并和移动的过程图

$$A_0 = \begin{pmatrix} 0 & 1 & 1 & 0 & 0 & 0 & 0 \\ 1 & 0 & 1 & 0 & 0 & 0 & 0 \\ 1 & 1 & 0 & 0 & 0 & 0 & 0 \\ 0 & 0 & 0 & 0 & 1 & 1 & 0 \\ 0 & 0 & 0 & 1 & 0 & 0 & 1 \\ 0 & 0 & 0 & 1 & 0 & 0 & 1 \\ 0 & 0 & 0 & 0 & 1 & 1 & 0 \end{pmatrix} \qquad A_1 = \begin{pmatrix} 0 & 1 & 1 & 0 \\ 1 & 0 & 1 & 0 \\ 0 & 1 & 0 & 1 \\ 0 & 1 & 1 & 0 \end{pmatrix}$$

（a）初始kNN矩阵　　　　　（b）更新后的kNN矩阵

图3.39　样本点的kNN矩阵（$k=2$）

γ：生成模型中的扩展参数；

ω_i：每个点的权重。

4.聚类过程

（1）识别簇骨干

直观地，对于二维高斯群集，簇周围的点可以被认为是形成簇的核心形状的点。对于任意形状的簇，如图3.40（a）所示，簇的固有形状由簇的骨干捕获，如图3.40（d）。数据集（DS1）最初有8000点，而骨干只有838点。

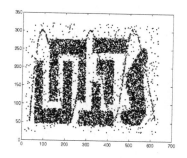

（a）Initial Dataset

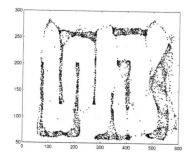

（b）After 3 Iterations

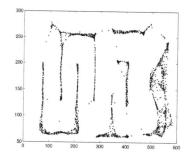

（c）After 6 Iterations

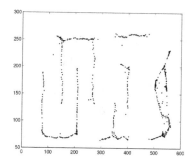

（d）After 8 Iterations

图3.40 数据集（a）在3（b）和6（c）次迭代之后,骨干在8次迭代之后获得过程图

ABACUS按照相反的顺序执行生成模型，从原始数据集开始，并最终确定骨干，如图 3.40（d）所示。骨干识别阶段由两个简单的操作组成：Globbing 和 Object Movement。

Globbing：Globbing 涉及将代表分配给一组点。位于半径为r的d维球内的所有点都围绕着一个代表性的点x，并且由x将其邻居点合并。在 glob 对象中，点x的半径r内的所有点被标记为"globbed"或由x表示。注意，x中 VNN 内的所有点都不在其半径r的球内，因此在此步骤中使用r确保只有x附近的点可以由x表示。这样的选择性聚合也可以确保离群点或噪声点不属于密集群集区域。然后，被合并的点从数据集中移除，其代表（点）被保留。数据集中的每个点都具有分配给它的权重w。最初，每个点的权重被设置为1。由于邻居点被代表点所替代，代表点的权重被更新为由它合并点的数量。注意：一个代表点可以被另一个代表点合并。如后所述，半径r的值从数据集直接估计所得。由于r任意小的值可能会降低主干标识的收敛做法，任意大的值可以导致来自多个簇的点由代表点聚集，所以优选基于抽样的r估计。

Object Movement: 在此模型中，每个点都受到邻近点的吸引力。在这些作用力的影响下，一个点可以改变其位置。运动量的大小与施加在点上的力成比例，运动方向是力矢量的加权和。d维空间中的点y在其最邻近点的吸引力的影响下被移动。在k个最近的邻居中，只有那些没有被y合并的点参与替代y。对象点z对对象点y施加的力与ω_z成比例，与$dist(y,z)$成反比，其中$dist(y,z)$是一些距离函数。维度i中y的更新位置由公式3.28给出，其中y_i是y的第i个维度。

$$y_i^{new} = \frac{y_i \cdot w_y + \sum\limits_{z \in R_k(y) \wedge d(y,z) > r} z_i \cdot w_z \cdot \dfrac{1}{dist(y,z)}}{w_y + \sum\limits_{z \in R_k(y) \wedge d(y,z) > r} w_z \cdot \dfrac{1}{dist(y,z)}} \tag{3.28}$$

主干识别阶段涉及上述两个步骤的重复应用，如图3.41所示。在第一步中，对象是从数据集的密集区域开始合并，因此这导致算法更快地收敛。此外，从密集区域开始，确保噪声点不会通过从真正的簇聚集点来扭曲簇的固有形状。通过kNN距离的较小值来识别密集区域。在接下来的第二步中，代表点在邻居点施加的力的影响下移动。

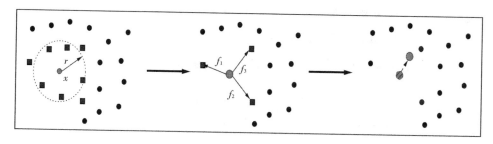

图3.41 合并和点移动过程图

ABACUS的停止条件：文章中提到了两个停止迭代的条件，在本节内容中，只对基于实践的停止条件进行介绍，MDL原理的详细过程请参看原文[43]。

如果点仅为合并（没有点移动），则会导致数据的稀疏化（减少）。对于合并过程进行补充，移动点在后续迭代中能够进一步整合。如果g_i是一次迭代中的点数，m_i是在迭代中移动的点数，那么就有$g_i \propto m_{i-1}$。也就是说，迭代i中的点数量与在先前迭代$i-1$中移动的点数成正比。这一观察结果如图3.42所示。

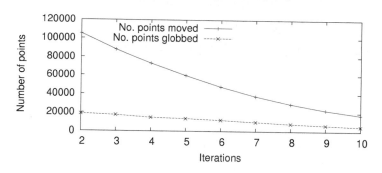

图3.42 1000K个点的数据集每次迭代点合并和移动的点数

直观地，由于迭代中更多的点被合并，重建误差明显增加。令$E_i = L(D_0|D_i)$是迭代结束时的重建误差并且设两个连续迭代之间的误差为$\Delta E_i = E_i - E_{i-1}$。误差之间的差异与合并点的数量成正比，即$\Delta E_i \propto \dfrac{g_i}{g_{i-1}}$。将其与先前的观察结果$g_i \propto m_{i-1}$组合得到$\Delta E_i \propto \dfrac{m_{i-1}}{m_{i-2}}$。随着迭代次数越少（$m_i < m_{i-1}$），它反映了数据集大小的下降，即$N_i < N_{i-1}$。比值$\dfrac{m_i}{m_{i-1}}$（<1）是此下降的相对比率。

这里假设的停止条件是基于这些观察。如果表达式

$$\frac{m_{i-1}}{m_{i-2}} < \frac{m_i}{m_{i-1}} \tag{3.29}$$

不成立，则迭代过程被停止，否则继续。换句话说，如果当前迭代的下降速率i

小于迭代$i-1$中的下降速率，那么就停止合并和移动的操作。

接着通过观察图3.43来了解这个停止条件。图3.43显示了两个矛盾的影响：数据集的大小和重建误差。在公式（3.29）中的条件有利于$\frac{m_i}{m_{i-1}}$的比例增加，这意味着停止条件通过关系$m_i \propto N_i$促进了数据集的大小的快速下降。图3.43中"相对数据集大小"曲线的向下倾斜箭头代表了这种效果。简而言之，停止条件确保了算法的进行，只要数据集的大小逐渐缩小。

如果表达式（3.29）不为真，$\frac{\Delta E_{i+1}}{\Delta E_i} < 1$。只要等式（3.29）中的停止条件成立，相对误差的变化率$\frac{\Delta E_{i+1}}{\Delta E_i}$为正，即分数$\frac{\Delta E_{i+1}}{\Delta E_i}$的数值增加。因此，等式（3.29）中的条件不利于后期发生的相对误差的下降迭代。在图3.43中，沿着"重建错误"曲线的向下倾斜的箭头描绘了反对相对误差差的下降趋势。在等式（3.29）中的停止条件的迭代中，上述效应（增加相对重建误差和数据集的大小减小的速率）都是平衡的。这里选择在此迭代中停止。这由图3.43中两条曲线的交点表示。在迭代过程结束时，与原始数据集$D_0 = D$相比，获得了更小的数据集D_{final}。

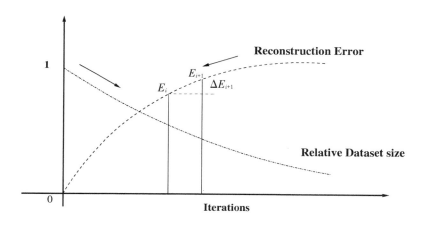

图3.43　平衡两个矛盾的影响关系图

（2）簇识别

一旦确定簇的固有形状或骨干，则任务仍然是隔离各个簇。ABACUS目前假设已经预先规定了所需数量的簇C。下面，讨论如何自动确定集群的数量。

指定的簇个数：确定第一阶段有助于大大降低数据集的噪声和大小，如果给出所需数量的簇C，则簇的识别步骤相对简单。由于尺寸减小，任何合适的聚类算法都可以应用于D_{final}。在文章的实验中，在ABACUS的聚类识别阶段应用了DBSCAN算法和CHAMELEON算法。这两种算法都能够有效地捕获这些簇并且对于噪声是相对强大的，尽管后者更有效率。

未指定的簇的数量：当未指定所需的簇个数C时，原文提出以下两步方法来确定最终的簇集合：在第一步中，可以在D_{final}上运行连接的组件算法，以获得一组初步的聚类C；在第二步中，可以将C中的聚类合并得到最终簇。

5.算法伪代码

ABACUS算法在图3.44中概述。它需要三个输入参数：d维点的数据集D，最近邻居数k和最终簇C的数量。estimate_knn_radius计算对于数据集中的对象的第k个最近邻居的修剪平均距离的估计。通过首先从数据集中获得与随机样本上的第k个最近邻的距离来估计半径。这些距离（以升序排列）的前95%百分位数的平均值为用作球半径r。注意：我们丢弃了前5%的距离，使得对异常值具有鲁棒性。

$$
\begin{aligned}
&\mathbf{ABACUS}(\mathcal{D}_0, k, C): \\
&1.\ \text{Initialize } w_i = 1, \forall i \in \mathcal{D}_0 \\
&2.\ j = 0 \\
&3.\ \mathcal{K} = \mathbf{compute\_kNN}(\mathcal{D}_0) \\
&4.\ r = \mathbf{estimate\_knn\_radius}(\mathcal{D}_0, k, \mathcal{K}) \\
&\\
&5.\ \mathbf{repeat} \\
&6.\quad j = j + 1 \\
&7.\quad \mathbf{glob\_objects}(\mathcal{D}_{j-1}, r, k) \\
&8.\quad \mathcal{D}_j = \mathbf{move\_objects}(\mathcal{D}_{j-1}, r, k) \\
&9.\quad m_j = \textit{number of points moved in iteration } j \\
&10.\quad \mathcal{K} = \mathbf{update\_kNN}(\mathcal{D}_j) \\
&11.\ \mathbf{until}\ \frac{m_j}{m_{j-1}} < \frac{m_{j-1}}{m_{j-2}} \\
&\\
&12.\ \mathcal{C} = \mathbf{identify\_clusters}(\mathcal{D}_{j-1}, C)
\end{aligned}
$$

图3.44　算法伪代码

6.实验评估

文章将ABACUS应用于几个图像数据集，包含自然图像（NATIMG）以及卫星图像（GEOIMG）。这里展示自然图像的聚类结果图，如图3.45所示。对于图3.45所示的自然图像结果，首先应用了一个预处理步骤，由此RGB（红-绿-蓝）值对于图像中的每个像素获得。然后RGB在3D数据上运行ABACUS。对于图3.45中的每一行，原始图像之后是聚类结果ABACUS和k-Means。很明显，ABACUS产生了更好的聚类。在其中具有粒度的簇中，ABACUS产生更均匀的簇，即对物体具有平滑效果，导致物体具有均匀的颜色。例如，与k-Means结果——图3.45（i）——相比，整个金字塔具有使用ABACUS的相同颜色——图3.45（h），它看起来有些斑点。由于空间考虑，CHAMELEON算法和KASP算法的结果被省略。

7. 算法优点分析

ABACUS算法可以扩展到大型数据集，比现有的基于形状的聚类方法快一个数量级，并且它提供了相当或更好的聚类质量。该算法可以发现任意形状的簇。

8. 算法缺点分析

ABACUS算法仍有参数需要确定。

（a）Horse

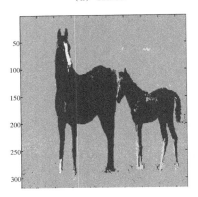

（b）ABACUS

（c）k-Means

图 3.45　ABACUS 在自然数聚集上与 k-Means 算法对比结果

（d）Mushroom

（e）ABACUS

（f）k-Means

续图3.45　ABACUS在自然数聚集上与k-Means算法对比结果

（g）Pyramid

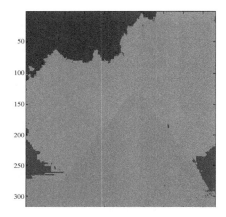

（h）ABACUS

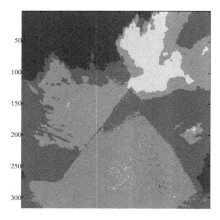

（i）k-Means

续图3.45　ABACUS在自然数聚集上与k-Means算法对比结果

（j）Road

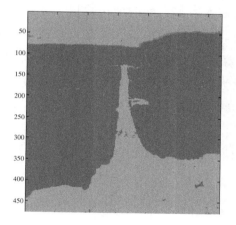

（k）ABACUS

（l）k-Means

续图 3.45 ABACUS 在自然数聚集上与 k-Means 算法对比结果

3.4.4 其他算法

由于当前数据量日趋庞大，数据类型与分布日益复杂，包含任意密度、任意形状的簇的数据集广泛出现，因此，近几年对这种类型数据的聚类研究达到了空前的高潮。可以说，近几年提出的大多数非面向特定应用的、具有普适性特征的聚类算法，在选择基准数据时，基本都会用到这一类型的数据集。比较有代表性的算法除了前面三节详细介绍的外，在本节将简要说明其他比较流行的算法：BOOL算法[44]、SPARCL算法[45]和CLASP算法[46]。

BOOL算法是一个特别的层次聚类算法。该算法首先将所有数据点离散化，并同时表示为二进制数字，然后通过它定义的标准，迭代地合并所有的小簇来形成最终的簇结构。该算法有三个输入参数：簇的最小数目、异常点参数和距离参数。同很多层次聚类算法相同，簇的数目可以决定聚类结束时选用的簇的层次。异常点参数决定了检测出异常点的多寡。距离参数提供了是否合并两个簇的阈值。尽管BOOL算法提供了一种将数据表示为二进制数字的思想，在很多数据集上也能获得较好的效果，不过，该算法在有些数据集上表现不佳，此外，还可能将部分正常数据点误判为异常数据点。

SPARCL算法属于划分方法。它的第一阶段使用k-Means算法将数据集划分为几个局部分组，选择组的中心点来当作一个"伪簇"的代表点，然后合并局部密度大小相似的点到同一个簇，这些合并的点也包括前面用k-Means算法选择的中心点。然而，用户必须指定代表点的数目，也就是k-Means算法中的k。k-Means算法最初的种子点也会影响簇的形状信息。

CLASP算法的原理与SPARCL算法的原理有些类似。它也是使用k-Means算法找到代表点来有效保持簇的形状信息，自动收缩数据集的大小。然后，它调整这些代表点的位置以增强它们内在的关系，使簇结构更加清晰、簇之间的不同更加明显。最后，它基于k近邻相似度执行凝聚聚类，来识别最终的簇结构。不过，CLASP算法在运行时需要过多的参数，而这些参数都不太容易确定。并且，在很多数据集上，聚类性能都表现不佳。

3.5 参考文献

[1]JAMES M. Some methods for classification and analysis of multivariate observations [C] // Proceedings of the fifth Berkeley symposium on mathematical statistics and probabili-

ty,volume 1,1967:281-297.

［2］STUART L. Least squares quantization in PCM［J］. Information Theory, IEEE Transactions,1982,28(2):129-137.

［3］MACQUEEN J. Some methods for classification and analysis of multivariate observations［C］// Proceedings of the 5th Berkeley Symposium on Mathematical Statistics and Probability.Berkeley: University of California Press,1967:281-297.

［4］吴文亮.聚类分析中k-均值与k-中心点算法的研究［D］.广州:华南理工大学,2011.

［5］于翔.聚类分析中k-均值方法的研究［D］.哈尔滨:哈尔滨工程大学,2007.

［6］KAUFMAN L, PETER J R. Partitioning around medoids（program pam）［J］. Finding groups in data: an introduction to cluster analysis,1990:68-125.

［7］韩家炜,坎伯.数据挖掘:概念与技术［M］.2版.范明,孟小峰,译.北京:机械工业出版社,2007: 251-305.

［8］HAN J,KAMBER M.数据挖掘:概念与技术［M］.范明译.北京:机械工业出版社,2012: 306-309.

［9］陈阳梅.基于k-中心点的测试用例集约简研究［D］.重庆:西南大学,2012.

［10］张云涛,龚玲.数据挖掘原理与技术［M］.北京:电子工业出版社,2004.4.

［11］朱玉全,杨鹤标,孙蕾.数据挖掘技术［M］.南京:东南大学出版社,2006.11.

［12］张云涛,龚玲.数据挖掘概念与技术［M］.北京:机械工业出版社,2007.3.

［13］ESTER M,KRIEGEL H,SANDER J,XU X W. A density-based algorithm for discovering clusters in large spatial databases with noise［C］// Kdd,volume 96,1996:226-231.

［14］王光宏,蒋平.数据挖掘综述［J］.同济大学学报,2004,32(2):246-252.

［15］ANKERST M,BREUNING M M,KRIEGEL H, et al. Optics: ordering points to identify the clustering structure［C］// ACM Sigmod Record,volume 28,ACM,1999:49-60.

［16］于智航.改进的密度聚类算法研究［D］.大连:大连理工大学,2007.

［17］冯为军.基于粗糙集理论的数据挖掘算法的研究［D］.哈尔滨:哈尔滨工程大学,2010.

［18］王传玉.基于异常数据挖掘算法的研究［D］.天津:天津理工大学,2016.

［19］HAN J,KANMER M. Data Mining: Concepts and Techniques［M］. Beijing: China Machine Press,2007.

［20］HINNEBURG A,KEIM D A. An efficient approach to clustering in large multimedia databases with noise［C］// KDD,volume 98,1998:58-65.

[21]SARWAR B, KARYPIS G, KONSTAN J. Item-based Collaborative Filtering Recolnlnendation Algorithms[J].WWW10,2001,5:1-5.

[22]BERKHIN P. A survey of clustering data mining techniques [C] // Grouping multi-dimensional data,Springer,2006:25-71.

[23]ZHANG T, RAMAKRISHNAN R, LIVNY M. Birch: an efficient data clustering method for very large databases [C] // ACM Sigmod Record, volume 25, ACM, 1996:103-114.

[24]周迎春. 基因序列图形表达及聚类分析应用研究[D].长沙:湖南大学,2007.

[25]ZHANG T, RAMAKRISHNAN R, LIVNY M. BIRCH: A New Data Clustering Algorithm and Its Applications[J].Data Mining and Knowledge Discovery,1997,1(2):141-182.

[26]杨晓斌. 改进的BIRCH算法在电信客户细分中的应用[D].合肥:合肥工业大学,2015.

[27]杨敏煜. 基于改进聚类算法的数据挖掘系统的研究与实现[D].成都:电子科技大学,2012.

[28]李贤,罗可.BIRCH混合属性数据聚类方法[J].计算机工程与应用,2009,45(30):123-125.

[29]毛健,倪云霞,陈佳. 基于BIRCH的入侵检测算法[J].通信技术,2010,43(221):92-94.

[30]邵峰晶,张斌,于忠清. 多阈值BIRCH聚类算法及其应用[J].计算机工程与应用,2004(12):174-176.

[31]邹杰涛,赵方霞,汪海燕. 基于加权相似性的BIRCH聚类算法[J]. 数学的实践与认识,2011,41(16):118-124.

[32]KARYPIS G, HAN E H, KUMAR V. Chameleon: Hierarchical clustering using dynamic modeling [J]. Computer,1999,32(8):68-75.

[33]GUHA S, RASTOGI R, SHIM K. Cure: an efficient clustering algorithm for large databases [C] // ACM SIGMOD Record, volume 27, ACM, 1998:73-84.

[34]GUHA S, RASTOGI R, SHIM K. Rock: A robust clustering algorithm for categorical attributes [C] // Data Engineering, 1999. Proceedings, 15th International Conference on,IEEE,1999:512-521.

[35]ALTMAN N S. An introduction to kernel and nearest-neighbor nonparametric regression[J]. The American Statistician,1992,46(3):175-185.

[36]黄文江.中文文本聚类算法分析与研究[D].上海:上海交通大学,2010.

[37]张娜妮.基于层次聚类的中医体质分类研究[D].西安:西安电子科技大学,2008.

[38]程东东.基于自然邻的层次聚类算法研究[D].重庆:重庆大学,2016.

[39]FREY B J, DUECK D. Clustering by passing messages between data points[J]. Science,2007,315(5814): 972-976.

[40]RODRIGUEZ A, LAIO A. Clustering by fast search and find of density peaks [J]. Science,2014,344(6191):1492-1496.

[41]CHAOJI V, Li G, YILDIRIM H, et al. Abacus: Mining arbitrary shaped clusters from large datasets based on backbone identification [C] // SDM, SIAM, 2011:295-306.

[42]SUGIYAMA M, YAMAMOTO A. A fast and flexible clustering algorithm using binary discretization [C] // Data Mining (ICDM), 2011 IEEE 11th International Conference on, IEEE,2011:1212-1217.

[43]CHAOJI V, HASAN M A, SALEM S, et al. Sparcl: an effective and efficient algorithm for mining arbitrary shape- based clusters [J]. Knowledge and Information Systems,2009,21(2):201-229.

[44]HUANG H, GAO Y J, CHIEW K, et al. Towards effective and efficient mining of arbitrary shaped clusters [C] // Data Engineering (ICDE), 2014 IEEE 30th International Conference on, IEEE,2014:28-39.

第4章 图聚类算法

4.1 图聚类的发展

近年来，对复杂网络的研究与应用成为很多学科的研究热点。对复杂网络的研究可以为生活中的很多问题提供解决思路与方法。比如，利用论文的引用关系，我们可以构成由科学家的论文组成的网络。把这个网络看作图，把论文看作顶点，引用就可以看作是顶点之间的边。给定一篇论文，如果我们试图发现与它相关的所有研究工作，仅仅利用对此论文的引用是远远不够的，而通过将图的顶点进行聚类，就可以把与其相关的论文划分在一起。数据聚类是机器学习的基础任务，其中对图的顶点的聚类用来发现网络中的簇结构[1]。随着技术的发展和 Internet 以及大容量存储设备的普及，从科学文献的引用网络到 Web 页面之间的超链接网络，从社会系统中的社交关系网到合著、合作网络，从工程技术领域的交通网络到电力网络，从生物体中的神经网络到新陈代谢网络、蛋白质相互作用网络，这样的网络在现实生活中很多。

复杂网络的研究吸引了广泛的关注并且得到了迅猛的发展。复杂网络的研究起源于对图论的研究，复杂网络发展的初期，复杂网络都被当作图进行研究。在 18 世纪，伟大的数学家欧拉对"哥尼斯堡七桥问题"的研究首先拉开了复杂网络研究的序幕[2]。哥尼斯堡镇上有一条河，河将整个小镇分割成了两岸，河中有两个小岛，共有 7 座桥架设在两岸和两岛之间，整个小镇的地理分布如图 4.1 所示。人们思考如何进行一次经过七座桥最后返回原地的散步，并且在散步的过程中七座桥都只经过一次。欧拉通过将陆地和桥分别抽象成节点和边的方式来研究七桥问题[3]。欧拉对七桥问题的研究开创了图论的探索，同时这也是复杂网络研究开始的标志。

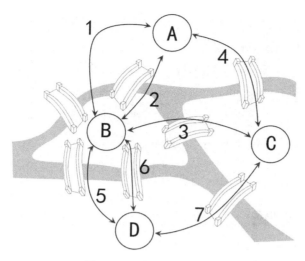

图4.1　哥尼斯堡七桥问题

　　20世纪60年代，两位伟大的匈牙利数学家 Erds 和 Rényi 建立了随机图理论（random graph theory），在数学上开创了随机图理论的系统性研究[4]。在随后的40年里，随机图理论一直是研究复杂网络的基本理论。他们认为现实中的网络数据，不是静止不变的而是动态的、可以随机生成的图，图中每个顶点都以相等的概率与其他顶点之间建立联系。ER随机网络将概率的思想引入图论的研究，并将图论的研究范围从静态网络扩展到动态模型，这是一个重要的里程碑。

　　20世纪末，很多科学家发现研究过的自然、社会和技术网络中，大都具有这些特征：高度的集群性、不均衡的度分布以及中心节点结构。有两类模型被深入地进行了研究，分别是小世界网络和无标度网络，这里结合原始论文谈谈对小世界网络的认识。1998年，邓肯·瓦特和斯托加茨在《自然》杂志上发表了关于小世界网络模型的论文，首次提出并从数学上定义了小世界概念，并预言它会在社会、自然、科学技术等领域具有重要的研究价值[5]。所谓小世界网络，就是相对于同等规模节点的随机网络，具有较短的平均路径长度和较大的聚类系数特征的网络模型。以前，人们认为网络分为完全规则网和完全随机网，这两类网络具有各自的特征。规则网具有较大的特征路径长度，聚类系数也较大，而随机网络具有较小的特征路径长度，但是聚类系数较小。另外，很多现实中的网络（如电网、交通网络、脑神经网络、社交网络、食物链等）都表现出小世界特性，即具有较小的特征路径长度。随后，在1999年，Albert 发现许多真实的网络都呈现出一种无标度（scale-free）分布的特征，因而提出了无标度网络模型[6]。无标度网络具有严重的异质性，其各节点之间的连接状况（度数）具有严重的不均匀分布性：网络中少数称为 Hub 点的节点拥有极其多的连接，而大多数节点只有很少量的连接。少数 Hub 点对无标度网络的运行起着主导的作用。从广义上说，无标度网络的无标度性是描述大量复杂系统整体上严重不均匀分布的一种内在性质。

近十年来，图聚类受到了广泛关注，已成为国内外研究的一个热点问题。目前，图聚类的研究已经在物理学、生命科学、社会学和计算机科学等众多学科中的应用获得了长足的进展。但如何更快、更有效地聚类这些网络顶点，提出适用于大规模网络的聚类算法，并用多种方法衡量最优的聚类结果，依然是摆在研究者面前的一个重要课题。

4.2 常见的复杂网络

复杂网络的应用已遍布现实生活中的各个领域。现实中的网络可分为四大类，分别是社会网络、工程技术网络、生物网络和信息网络。

社会网络：社会网络作为一种社会学视角发端于德国社会学家齐美尔，并在 20 世纪 60 年代随着冷战的开始和西方普遍出现的社会动乱开始在西方广为发展[7]。社会网络分析不把人看作是由个体规范或者独立群体的共同活动所驱动，相反它关注人们的联系如何影响他们行动中的可能性和限制。社会科学家都在使用"社会网络"这一隐喻表示不同尺度上的各种复杂社会关系。社会网络中的顶点主要是社会系统中的个人、团体或组织、机构等，边则表示他们之间的关系。社会网络的研究历史悠久，最早可以追溯到二十世纪二三十年代 Jacob 关于朋友关系模式的研究[8]。随后的是：20 世纪 40 年代 Allison Davis 等人对美国南部妇女争取正当权益的社交活动的研究[9]，20 世纪 60 年代 Anatol Rapoport 等人对学生的朋友关系的关注与研究[10]，20 世纪 70 年代 Zachary 对空手道俱乐部成员之间的关系研究[11]。图 4.2 显示了一个社会网络。

工程技术网络：工程技术网络也叫工程网络，这类网络是人为制造的，用于资源或商品的传输。工程技术网络涵盖的大多是基础设施网络，电力网络[12]、交通网络[13]、航空网络[14]、电话网络、广播电视网络、数据通信网络以及 Internet（互联网络）、邮政网络、天然气输送管网、城市集中供热管网、地下排水管网等都属于工程技术网络的范畴。图 4.3 显示了一个航空网络。

生物网络：进入 21 世纪以来，生物技术飞速发展，其应用几乎涉及国民经济和社会生活的方方面面，而且还在不断创新和扩展，其中一个重要的研究就是研究生物间的相互作用，这些相互作用就产生了一个网络——生物网络[15, 16]。最典型的生物网络是代谢网络，研究最广泛的生物网络是蛋白质相互作用网络和遗传调整网络[17]。

还有很多其他类型的生物网络，在这里不再列举。总之，生物网络已经成为研究热点。图4.4显示了一个食物链网络。

信息网络：信息网络是指由多层的信息发出点、信息传递线和信息接收点组成的信息交流系统[18]。这个系统是由个体和群体的人构成的无形的网。它能贯穿上下、联系左右、沟通内外，纵横交错，通达灵便。信息网络是由包含特定信息的实体，如web页面、商品及其评价、专利、文献等及它们之间的相互关系构成的网络，WWW网络[19]、专利引用网络[20]和科技文献引用网络[21]等都是信息网络的典型例子。图4.5所示是一个专利引用网络。

图4.2　一个社会网络

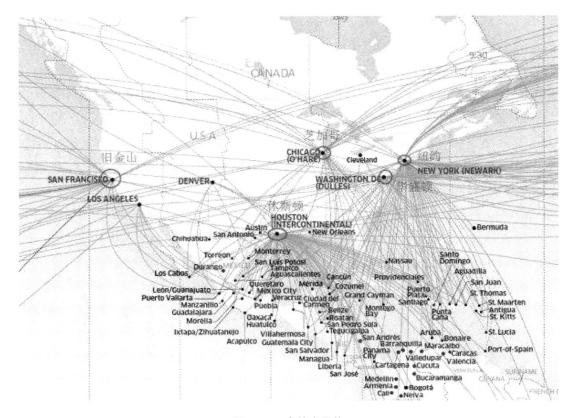

图4.3　一个航空网络

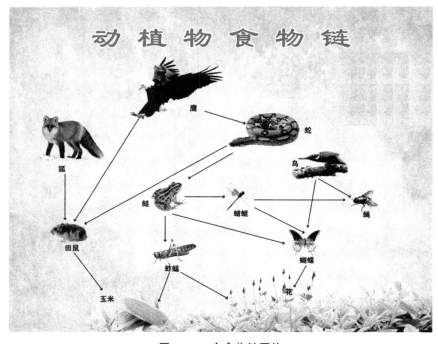

图4.4　一个食物链网络

4.3　网络的特性

随着复杂网络的研究不断向前发展，复杂网络一般具有以下几个特性：

簇结构：关于网络中的簇结构目前还没有被广泛认可的唯一的定义，较为常用的是基于相对连接频数的定义：网络中的顶点可以分成组，组内连接稠密而组间连接稀疏[22]。这一定义中提到的"稠密"和"稀疏"都没有明确的判断标准，所以在探索网络簇结构的过程中不便使用。因此人们试图给出一些定量化的定义，如提出了强簇、弱簇的定义。另一类定义则是以连通性为标准定义簇，称为派系[23]。一个派系是指由3个或3个以上的顶点组成的全连通子图，即任何两点之间都直接相连。这是要求最强的一种定义，它可以通过弱化连接条件进行拓展，形成n-派系。这种定义允许簇间存在重叠性。所谓重叠性是指单个顶点并非仅仅属于一个社团，而是可以同时属于多个簇。因此，通过检测簇结构，可能揭示网络的结构与功能之间的关联关系。

聚集特性：在很多网络中，一个顶点的很多邻居之间可能也有边直接相连。这体现的即是网络的聚集特性，常用"聚类系数（clustering coefficient）"定量地衡量网络的聚集特性[24]。假设某个节点有n条边，则这n条边连接的节点（n个）之间最多可能存在的边的条数为$n(n-1)/2$，用实际存在的边数除以最多可能存在的边数得到的分数值，定义为这个节点的聚合系数。所有节点的聚合系数的均值定义为网络的聚合系数。聚合系数是网络的局部特征，反映了相邻两个人之间朋友圈子的重合度。

小世界特性[5]：对于随机网络，其特征路径长度随着$\log(n)$增长说明，在从规则网络向随机网络转换的过程中，实际上特征路径长度和聚合系数都会下降，到变成随机网络的时候，减少到最少。但这并不是说大的聚合系数一定伴随着大的路径长度，而小的路径长度伴随着小的聚合系数，小世界网络就具有大的聚合系数，而特征路径长度很小。

无标度特性[6]：无标度性是一个用来对网络进行分类的方法，幂指数是此网络分类的宏观序参数。随机网络中，顶点的度近似服从泊松分布（Poisson distribution），该分布在一个特殊值处取得其峰值。ER随机网络中，这一特殊值即为顶点度的平均值。ER随机网络中，大部分顶点的度都集中于其均值附近。按照这一理论，度远大于其均值的顶点在网络中是不存在的。研究发现，现实世界的很多网络中存在少量的顶点连接了大量的其余顶点，但绝大多数顶点只有少量的边与之相连，而且顶点的度近似服从幂律分布。

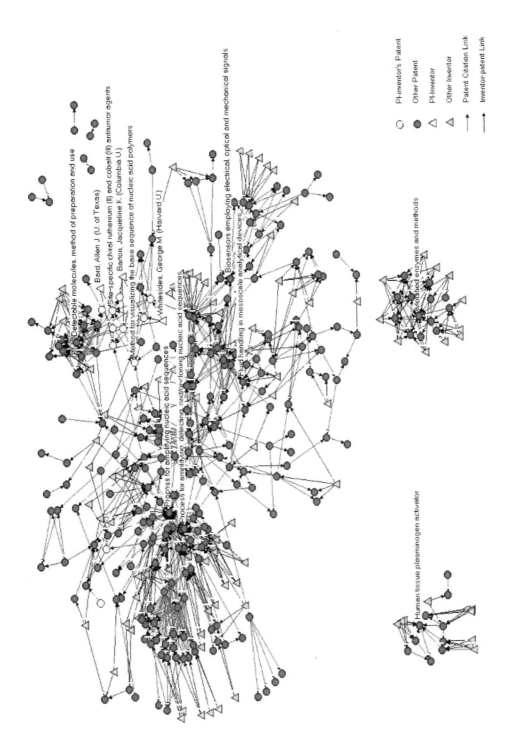

图 4.5　一个专利引用网络

4.4 图论基础及相关形式化定义

网络起源于数学中的图论，一个网络可以表示为一个图（graph），由顶点和连接顶点的边组成。图4.6给出了几种不同类型的网络[25]。

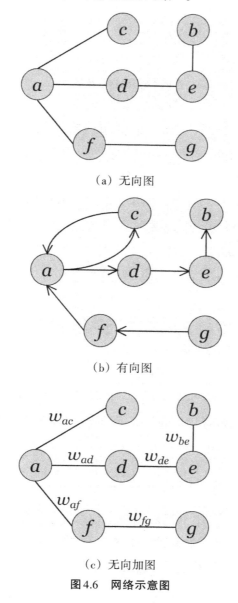

（a）无向图

（b）有向图

（c）无向加图

图4.6 网络示意图

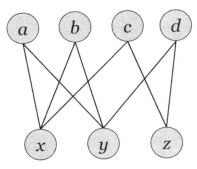

(d) 二分图

续图4.6 网络示意图

定义4-1（网络）   一个网络即是一个图

$G=(V;E)$，其中 V 和 E 分别是顶点集合和边的集合，顶点数目 $n=V$，边的数目 $m=E$。

由此定义得知，"网络"和"图"是可以互换的概念。

在一个给定的网络 $G=(V;E)$ 中，如果边 $(u;v)\in E$ 和边 $(v;u)\in E$ 表示的含义不同，亦即 $(u;v)$ 和 $(v;u)$ 是两条不同的边，则为了区分这样的边需要指出边的方向，这样的网络称为有向网络（directed graph）；反之，如果无须考虑边的方向性，对于 $u\in V$，$v\in V$，$(u;v)\in E$，则必然 $(v;u)\in E$，而且 $(u;v)=(v;u)$，这样的网络称为无向网络（undirected graph）。

定义4-2（度）   对于网络 $G=(V;E)$，如果存在边 $(u;v)\in E$，则顶点 u 和 v 互为邻居顶点，顶点 v 的所有邻居顶点构成一个集合，记为 $N(v)$，顶点 v 的邻居顶点的数目称为顶点 v 的度，同时也是与顶点 v 相连的边的数目，记作 d。

定义4-3（平均度）   图 $G(V,E)$ 中所有顶点的度的平均值称为图 G 的平均度，它表示图中顶点连接的疏密程度。顶点的度分布函数 $P(k)$ 表示一个顶点的度为 k 的概率，定义如下：

$$P(k)=\frac{\left|\{u|u\in V,\ du=k\}\right|}{N} \tag{4.1}$$

定义4-4（聚集系数）   用来描述网络中顶点间的紧密程度，是社交网络中的一个典型性质。在这类网络中，如果两个人有共同的朋友，那么这两个人很可能互相认识。对于图 $G(V,E)$ 中一个给定的顶点 u，它的聚集系数 Cu 定义如下：

$$Cu=\frac{Eu}{du(du-1)/2}=\frac{2Eu}{du(du-1)} \tag{4.2}$$

其中，$du(du-1)/2$ 表示顶点 u 的所有邻居之间所有可能存在的边的数目，Eu 是顶点 u 的所有邻居之间实际存在的边的个数。网络的聚集系数定义为网络中所有顶点的聚集系数的平均值。

4.5 图聚类常用数据集

4.5.1 Karate数据集

该图是社会网络分析的经典数据集，它显示了在20世纪70年代美国一所大学的一个空手道俱乐部34名成员间的关系[26]。该网络由俱乐部的队员、教练以及管理人员组成。34个成员表示34个顶点，边意味着两个顶点之间有频繁的联系。由于教练与管理人员之间的分歧，该网络形成了以教练和管理员为中心的两个簇。图4.7显示了Karate数据集真实的簇结构。

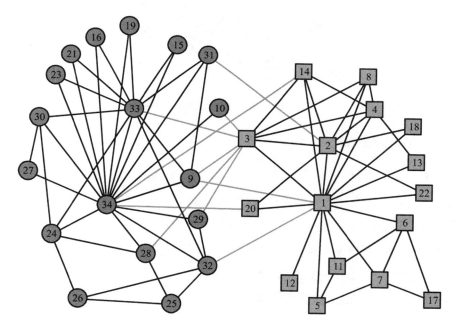

图4.7 Karate数据集真实簇结构

4.5.2 Dolphins数据集

该图是一个海豚社交网络[27]，是通过对62只宽吻海豚历经7年的观察得到的，其中顶点表示海豚，边代表与该边关联的两只海豚曾成对出现。该网络由四个簇组成。图4.8显示了Dolphins数据集真实的簇结构。

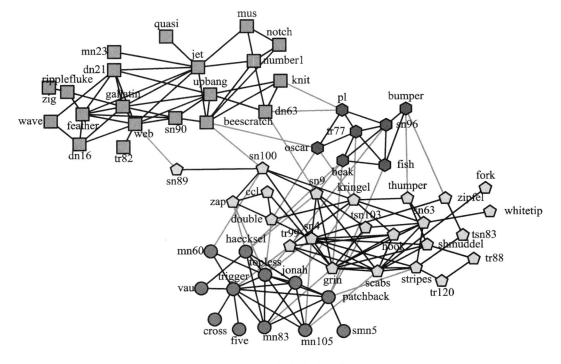

图4.8   Dolphins 数据集真实簇结构

4.5.3   Risk map 数据集

该网络是一个流行的图版游戏——Risk2的一张地图[28]。Risk 游戏是法国的电影导演 Albert Lamorisse 发明的一款游戏，该游戏支持2～6名玩家在一张世界地图上进行对战，游戏的目的是占领更多的版图。该地图中包含42个国家或地区，组织为6大洲。为了消除任何可能的政治敏感性，我们用一个数值编号取代国家或地区的名称。该图共包含42个顶点，可被划分为6个簇。

图4.9显示了 Risk map 数据集真实的簇结构。

4.5.4   Santa Fe 数据集

该图是 Santa Fe 研究所科学家之间的合著网络[28]，一共有118个顶点、197条边，每个顶点表示一个科学家，每条边表示科学家之间至少有一次合作。根据科学家之间的合作关系，该图可被划分为六个簇。图4.10显示了 Santa Fe 数据集真实的簇结构。

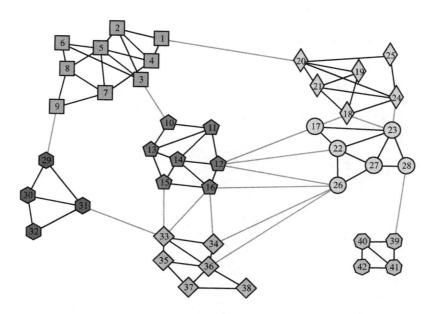

图4.9　Risk map数据集真实簇结构

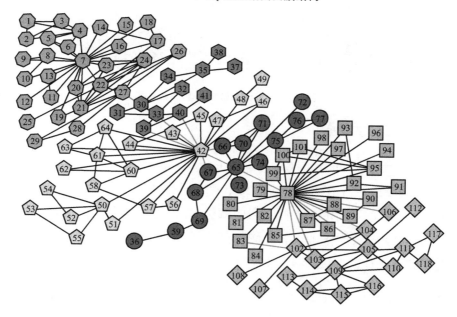

图4.10　Santa Fe数据集真实簇结构

4.5.5　Football数据集

该网络对应的是美国大学足球联赛2000年赛季常规赛的赛程表[28]，由115个顶点和613条边组成，其中顶点代表参赛的球队，边则表示相连的两个球队之间要进行的比赛。这些球队划分为12个联盟，同一联盟内的球队之间的比赛比不同联盟之间的球队的比赛要密集得多，因此每一个联盟自然形成一个簇。

图4.11显示了Football数据集真实的簇结构。

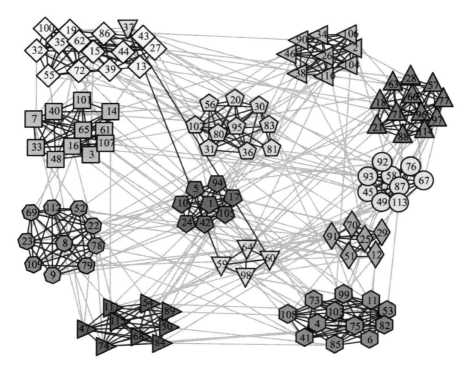

图4.11 Football数据集真实簇结构

4.5.6 CA-GrQc数据集

该图是来自电子版aRxiv的GR-QC（Genera Relativity and Quantum Cosmology）合作网络，涵盖了提交给GR-QC类的论文作者之间的科学合作关系[29]。如果作者i是另一个作者j的一篇论文的共同作者，图中就会包含顶点i与顶点j之间的一条无向边。如果一篇论文有k个共同作者，就在图中产生了有k个顶点的完全子图。这个数据集涵盖了从1993年1月至2003年4月共124个月的论文。

4.5.7 Facebook数据集

该图由Facebook的朋友列表组成[30]。使用Facebook应用程序从调查参与者收集Facebook数据。数据集包括节点特征（轮廓）和自我网络。Facebook数据已被匿名化，用每个用户替换Facebook的内部ids新值。此外，Facebook数据集虽然已经提供了来自该数据集的特征向量，但是这些特征的解释已被模糊。例如，在原始数据集可能包含"政治=民主党"特征的地方，新数据将简单地包含"政治=匿名特征1"。

因此，使用匿名数据可以确定两个用户是否具有相同的政治关系，而不是他们各自的政治隶属关系。该数据集包括4039个顶点和88234个边。

4.5.8 Amazon 数据集

该图是通过爬网亚马逊网站收集的[31]。它是基于购买此商品的客户还购买了亚马逊网站的功能。如果产品i经常与产品j共同购买，则该图包含从i到j的无向边。亚马逊提供的每个产品类别都定义了每个地面实体簇。该数据集包括334863个顶点和925872个边。

4.6 常用的评价指标

簇结构对应于网络顶点集合的一个划分，然而一个集合的划分可以有多种形式。为了判定哪个划分是合理的簇结构并定量地衡量簇结构的质量，研究人员提出了一些度量标准，其中常用的有模块度（modularity）、精度（accuracy）和标准化的互信息量NMI（Normalized Mutual Information）三个指标。

4.6.1 模块度

模块度也称模块化度量值，是目前常用的一种衡量网络簇结构强度的方法[32]，最早由Mark Newman提出，用于确定GN算法输出的树状图上的哪个层次作为最终的簇结构，目前已成为衡量簇结构质量优劣的事实标准。模块度值的大小主要取决于网络中节点的簇分配C，即网络的簇划分情况，可以用来定量地衡量网络社区划分质量，其值越接近1，表示网络划分出的社区结构的强度越强，也就是划分质量越好。因此可以通过最大化模块度Q来获得最优的网络簇划分。模块度Q被定义为：

$$Q = \frac{1}{2m} \times \sum_{ij}\left[A_{ij} - \frac{k_i \times k_j}{2m}\right]\delta\left(C_i, C_j\right) \tag{4.3}$$

模块度Q的理论取值范围为[0，1]，其值越小，意味着网络中边的分布越接近于随机网络，簇结构的强度就越弱；反之，Q值越大，网络中边的分布偏离随机网络越远，簇结构的强度就越强。一般情况下，Q值大于0.3时已经表现出比较明显的簇结构，在实际的网络分析中，Q值的最高点一般出现在0.3~0.7之间。

4.6.2 精度

精度是表示观测值与真值的接近程度，是分类和聚类分析中常用的一个衡量指标。它以数据点真实的类别信息作为基准，衡量有多少数据点被划分到正确的分组中，因此，在社团检测问题中，精度的计算需要知道网络的真实的簇结构，是一个典型的外部评价标准。精度的值在[0，1]之间，其值越大，意味着被误分的顶点越少，得到的簇结构就越接近于真实的簇结构。

4.6.3　标准化的互信息量（NMI）

NMI是一个基于信息论的衡量标准，也需要以真实的簇结构作为基准进行计算，因此也是一个外部评价指标[33]。NMI以真实的簇结构作为基准，通过衡量与真实簇结构之间的一致性度量算法得到的簇结构的质量，其取值同样在[0，1]范围内，越大越好。

4.7　常见的图聚类算法

图聚类方法作为目前的一个研究热点，出现了很多种不同的研究方法，主要包括：层次聚类算法、基于标签传播机制的方法、谱聚类算法、图论方法、基于随机游走的方法以及基于模块度优化的方法等。

4.7.1　基于层次聚类的图聚类算法

层次聚类算法是一种以层次树的建立为基础的图聚类方法。层次聚类算法会以一定的方式在网络中建立起一棵层次树，然后从层次树中找出模块度最大的层次对应的簇结构。

GN[34]算法是一个著名的基于图分裂的层次聚类算法。它提出了"边介数"的概念，即网络中所有顶点间的最短路径经过该边的次数。在GN算法中，边介数越大的边被认为属于簇间的边的可能性越大。基于这个思想，GN算法首先计算所有边的边介数，然后删去边介数最大的边，接着继续迭代这一过程，直到删除网络中所有的边。由于GN算法的复杂度较高，随后它的一个著名的改进算法被提出，新算法中提出了"连接聚类系数"的概念。连接聚类系数就是包含该连接的短回路数目。在每次迭代中去除连接聚类系数最小的边，达到了去除冗余计算、降低复杂度的效果。CDNGA算法将分裂算法思想运用到重叠社团检测中，先计算网络中全部边的边介数，当某个顶点的点介数比它相连的所有边的边介数都大时，将该顶点分裂为两个顶点，然后再使用GN算法，这样就使一个顶点可以分别属于两个不同的簇。同传统的自顶向下的层次聚类算法一样，图层次聚类算法将分裂过程中的某一层当作最终的簇结构。

4.7.2 基于标签传播的图聚类算法

基于标签传播的图聚类算法思路是用已标记节点的标签信息去预测未标记节点的标签信息。利用样本间的关系建立关系完全图模型，在完全图中，节点包括已标注数据和未标注数据，其边表示两个节点的相似度，节点的标签按相似度传递给其他节点。标签数据就像是一个源头，可以对无标签数据进行标注，节点的相似度越大，标签越容易传播。

标签传播算法（LPA）[35]是由 Raghavan 等人提出的，标签传播算法的时间复杂度接近线性，但其稳定性不高。标签传播算法给网络中的每一个节点赋予一个独特的标签，各个节点上的标签会被更新为周围邻居节点上标签中占多数的标签。各个节点的更新顺序为任意的节点全排列序列。更新会持续进行直至所有节点上的标签都不需要再更新。LPA 的算法过程如下：

（1）每个节点初始地被赋予一个独特的标签值；

（2）检查是否有节点需要被更新；

（3）若网络中有节点需要被更新，产生一个任意的节点全排列序列，按照节点序列访问节点，并更新节点上的标签值；

（4）若网络中没有节点需要被更新，网络中拥有相同标签的节点被认为是同一个簇中的成员，从而形成最终的簇结构。

LPAm[36]算法是 LPA 的一个改进算法。它将标签传播转换为一个优化问题，把将标签传播过程的优化目标转换为取得模块度的最大值，每个顶点选择模块度最大时的类标签作为自己的标签。而为了克服 LPAm 算法容易陷入局部极值的缺点，Liu 等人提出 LPAm+[37]算法。该算法同时合并多个社团，使整体网络结构朝着模块度最大化的趋势前进，跳出局部极值。

4.7.3 基于谱分析的图聚类算法

谱分析方法最早是针对图的剖分问题而提出的方法，而后在机器学习研究领域逐渐被用于进行聚类分析，在复杂网络研究中用于检测网络的簇结构。在图聚类研究中，谱分析方法利用与网络关联的各种矩阵的特征值、特征向量提取网络的簇结构。

谱二分聚类使用了相似度矩阵，算法根据最小非零特征值对应的特征向量将网络一分为二，重复这一过程，直到得到给定数量的簇结构为止[38]。Mavroeidis 提出了一种使用半监督技术来提高谱二分图聚类性能的算法[39]。

4.7.4 基于图论的图聚类算法

与图聚类相关的图论方法主要是解决图的剖分问题的方法。Kernighan–Lin方法[40]是其典型代表，该方法先将网络划分为任意两个子网络，然后将两个子网络中的某些顶点进行交换，并且重复这一过程，直到找到能使增益函数达到最大值的子网络。该过程不断迭代，得到最终的簇结构。

4.7.5 基于随机游走的图聚类算法

随机游走（random walk）是网络上常见的一种动力学过程[41]，其基本过程是：遍历者从网络中的某一顶点出发，按照一定的概率随机跳转到该顶点的某个邻居顶点，将其作为新的起点进行游走，重复这一过程若干步后停止。在簇结构中，簇内部的边非常稠密，而簇之间的边比较稀疏。因此，在游走过程中，遍历者倾向于被局限在社团内部而无法从中游走出去。亦即，从某一顶点出发，在有限的若干步内，遍历者从出发顶点所在的社团跨越簇边界游走到其他簇的可能性非常小。因此，在游走过程中所经过的顶点有很大的可能是属于同一个簇的。

马尔可夫聚类算法（Markov Clustering Algorithm，MCL）[41]是一个基于随机游走过程的图聚类算法。当遍历者在游走时，该算法通过修改状态转移概率矩阵，使遍历者在簇内部游走的概率变大，走出簇的概率变小。当算法结束时，簇之间的边被遍历者游走的概率接近于0，这样就得到了最终的簇结构。

WalkTrap算法[42]也是一个基于随机游走思想的图聚类算法。该算法首先计算所有顶点之间的距离，将顶点之间的距离平方和最小的两个簇合并，重复这一过程，直到所有顶点进入同一个簇，最后选择模块度最好的簇结构。

Tabrizi等人则利用随机游走的思想，提出了一种自顶向下的簇检测算法，使用模块度来评价簇结构，最后得到多个不同层次的簇结构[43]。

4.7.6 基于模块度优化的图聚类算法

基于模块度优化的图聚类算法是目前研究最多的一类算法，其思想是将图聚类问题定义为优化问题，然后搜索目标值最优的簇结构。由Newman首先提出的模块度Q值是目前使用最广泛的优化目标，该指标通过比较真实网络中各簇的边密度和随机网络中对应子图的边密度之间的差异来度量簇结构的显著性。

　　FastQ算法[44]首先将每个顶点当作一个簇，然后将合并后能使模块度增量最大的两个簇进行合并，重复合并过程，当得到一个高的模块度值时，就得到了一个好的簇结构。Guimera和Amaral提出了一种基于模拟退火算法的图聚类方法，该算法允许以一定的概率接受较差解，这样就使得算法有良好的全局搜索能力[45]。Pizzuti将遗传算法引入图聚类，该算法将遗传算法的染色体进行了离散式的编码以适应于图聚类问题，还定义了一个新的评价簇结构的指标作为适应度函数[46]。在2012年，Pizzuti又将多目标的遗传算法引入了簇检测，在该算法中使用了两个适应度函数，用切比雪夫分解方法将两个目标函数的可行解域进行分解，最终可以获得在最高NMI和最高模块度值两个方面都比较好的结果[47]。

4.8　Fast algorithm for detecting community structure in networks

　　Newman提出了一种经典的基于模块度优化的图聚类算法（Fast algorithm for detecting community structure in networks），简称FastQ算法。

4.8.1　摘要

　　目前发现许多网络的簇结构是密集的，但它们之间是稀疏和高度敏感的。有些算法不能达到计算能力的要求，这限制了其应用到大型网络。这里描述了一个新的算法，其实验结果无论是在计算机生成还是真实世界的网络都要比典型的算法更快。

4.8.2　研究背景

　　目前研究人员对多种网络的研究有很大的兴趣，这些网络包括互联网、万维网、引文网络、交通网络、软件调用关系图、电子邮件网络、食物网以及社会和生化网络[48-50]。该算法特别关注的一个性质是"簇结构"：在网络中的顶点往往聚集成紧密型群体，具有簇内密度高和簇间密度低的特点。Girvan和Newman[51,52]提出了一种基于迭代去除高"介"分数的算法，该算法已被用于多个不同的系统，如研究人员的电子邮件网络、动物的社交网络、爵士乐手合作网络、代谢网络和基因网络[53-57]。正如Newman和Girvan所指出的，其缺点是不能满足高计算的需求。在最简单和最快的情况下，它运行在最坏情况的时间复杂度为$O(m^2n)$，这限制了算法的使用。目前，大型网络是研究热点，如包含了数百万个顶点的引文合作网络、包含了数十亿个顶点的万维网。下面介绍一种用于检测簇结构的新算法。该算法最坏情况下的运行时间为$O[(m+n)n]$，或为$O(n^2)$。

4.8.3 算法描述

该算法是基于模块化的思想。在任何网络中，定义一个质量函数或"模块化"$Q^{[58]}$如下：

$$Q = \sum(eii - ai^2) \tag{4.4}$$

其中eii是网络中组i中的顶点连接到这些边的边介数，在组j中，$ai = \sum eij$。如果边缘随机落下而不考虑社区结构，则减去相同数量的期望值。如果一个特定的部分没有给出比随机预期更多的社区边界，则$Q=0$。0以外的值表示与随机性的偏差，并且Q值大于0.3则表明有明显的簇结构。如果Q值表示良好的社区划分，那么为何不简单地优化Q呢？通过这样做，能够避免迭代地去除边缘。近似优化方法有很多，如模拟退火[59]、遗传算法[60]等等。这里考虑基于一个标准的"贪婪"优化算法。

算法的基本思想是：首先将网络中的每个顶点设为一个单独簇，然后选出模块度Q的增量值最大的簇进行合并；如果网络中的顶点属于同一个簇，则停止合并过程。整个过程是自底向上的过程，且这个过程最终得到一个树图，即树的叶子节点表示网络中的顶点，树的每一层切分对应着网络的某个具体划分，从树图的所有层次划分中选择模块度值最大的划分作为网络的有效划分。在GN算法中，通过这个树状图在不同层面对网络进行划分，然后选择最佳的切割方式对簇进行结合。该算法的每个步骤中最坏情况下的时间复杂度为$O(m+n)$，因此整个算法的时间复杂度为$O[(m+n)n]$，或为$O(n^2)$。值得注意的是，该算法可以从一般推广网络到加权网络，其中，每个边与其数字强度相关联，而不只是0或1，该算法研究的网络都是不加权。

4.8.4 实验

作为算法实验的第一个例子，它是由电脑随机产生的图，并且已知它们的群落结构，然后通过算法运行，以量化其性能。每个图有$n=128$个顶点，分成四组。z_{in}表示连接到同一组的成员，z_{out}表示连接到其他组的成员。计算z_{in}和z_{out}的值，使得总预期度$z_{in}+z_{out}=16$。在这种情况下，随着z_{out}由小变大，得到正确的簇结构对图聚类算法是一个巨大的挑战。如图4.12所示，结果表明该算法可以将部分顶点正确地分配给四个簇。由此可见，该算法性能良好，能够正确识别90%以上的顶点。只有当z_{out}的值接近顶点数量时，该算法才会开始失效。在同一图还显示了GN算法的性能，可以看到，虽然该算法执行时 z_{out} 值较小，但仍可测量出来。当 z_{out}=5时，新算法正确地划分了97.4%的顶点，而旧算法正确地识别了98.9%的顶点，显然旧算法更好。但在 z_{out} 值大于5后，新算法表现更优。

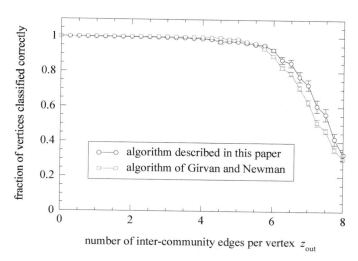

图4.12　算法顶点的识别率

有趣的是，z_{out} 值较高时，新算法的性能比旧算法的更好，在一些实际网络中，通常GN算法很有优势。新算法基于局部信息网络，而GN算法使用从介分数衍生的网络信息。由于社会结构本身就是网络，这使得人们能够发现簇结构。

对于较小的系统，GN算法在计算上易处理，因此，GN算法更适用于较小的系统。对于较大的系统，无法使用该算法，但是，新算法在较大系统中能给出具有相对较好的群落结构信息。

该算法还可以应用在各种真实世界的网络。例如，"空手道俱乐部"网络[61,62]，它代表一个俱乐部的34名成员之间的友谊。在研究的过程中，由于组织内部纠纷，俱乐部分成两派。图4.13为该网络运用此算法得到的树状图。当峰值模块化 Q=0.381时，算法将网络分成了两组。如该图所示，树状图顶点代表俱乐部成员的分裂路线，该算法找到了几乎完美的簇，其中只有一个编号为10的顶点被分错。GN算法进行聚类时执行同样的任务，也将一个顶点划分错误（该点编号为3）。在其他测试中，该算法也成功地检测出了海豚Lusseau社交网络的簇结构[63]和黑白音乐家爵士乐网络[64]的簇结构。

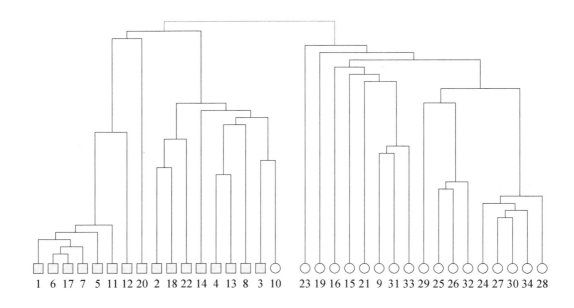

图4.13 Zachary的"空手道俱乐部"网络的树状图

该算法有时会忽略一些网络中的结构，因此需要再进行另一组实验——大学橄榄球队网络，这个网络代表在单赛季美国大学橄榄球队之间比赛的日程安排[65]。图4.14的树状图是由算法生成的，并在Q=0.546时达到最佳模块化。如树状图显示，该算法找到六个簇。它们中的一些簇对应单循环比赛，但大多数对应于两个或更多比赛。新算法需要38分钟就能找到完整的簇结构，而GN算法需要300到500分钟才能完成相同的计算。很显然，该算法完全能够挑选出合理的簇及网络结构，而且运行速度更快。

大多数实际情况下算法的时间开销都很大，那么如何提高算法的性能呢？当在测试大网络时，运行时间会由于顶点的增加而增加。该算法在测试具有1275个顶点的爵士音乐家合作网络时，发现它运行完成需要约一秒钟的CPU时间。相比之下，GN算法需要超过三个小时才能达到非常相似的结果。新算法的速度也在物理学家合作网络研究中有所体现。在物理学家合作网络中包含n=56276个科学家，其中他们共同撰写发布一个或更多论文时，只分析最大的网络。没有任何连接的两个顶点不在同一个簇，小部分顶点可以假定为单独簇。该算法经过42分钟找到完整的簇结构，而GN算法在最好的情况下将需要400～600分钟才能得到相同的结果。

在该网络中约有600个簇，Q=0.713时达到峰值模块化，说明正确划分了77%的顶点，而其他的结果如图4.15所示，四个大型簇密切对应着子区域：一个天体物理学[66]，一个高能物理学和两个凝聚态物理学[67]。正是这种顶点的相关性使簇结构分析成为了解网络行为的有效工具。

在对几个子簇的重复分析中，观察它们是如何分配的，发现网络对应的分割方式是成百上千种的。例如，对两个凝聚态组进行算法分析，又发现了一个更大的峰值模块化 $Q=0.807$ 的划分方式。

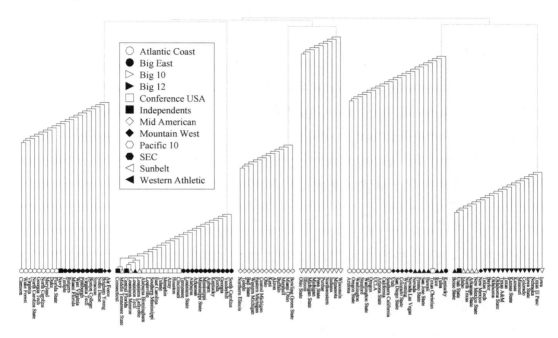

图4.14　大学橄榄球队网络的树状图

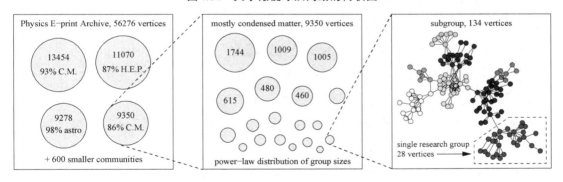

图4.15　四个大型簇对应到子区域

4.8.5　结论

本节描述了一种新的检测网络簇结构的算法，和以前的算法相比有相当大的速度优势，这使算法能够运用在更大的网络中。该算法已应用于研究一个有50000多物理学家的合作网络，并发现了合理的簇结构。同时该算法提供了有效的可视化工具。

4.9 Modularity and community structure in networks

MN算法（Modularity and community structure in networks）是典型的层次聚类算法。

4.9.1 摘要

科学界中存在各种社会网络和生物网络，它们被自然分成簇或模块。检测和表征这个社会结构的问题已经引起了相当多的关注。其中最敏感的检测方法被称为"模块化"，网络通过质量函数优化被分割。在这里，模块化表征了一个特征矩阵里的特征向量（称为模块化矩阵的角度），该算法返回的结果质量更好并且与对比算法相比运行时间明显缩短。该算法能应用到多个网络数据集。

4.9.2 研究背景

研究者对许多系统可以表示为网络颇感兴趣。网络是由顶点和边构成的，实例包括互联网[68]和全球网络[69]、代谢网络[70]、食物网[71]、神经网络[72]、通信和分销网络[73]以及社交网络[74]。网络系统的研究可以追溯到几个世纪以前，尤其是在数学科学中，其研究主要是描述现实世界中网络的拓扑结构。对这些数据的统计分析揭示了一些意想不到的结构特征，如高网络传递性、幂律度分布、反复局部图案的存在[75,76]。最值得关注的问题是，如何检测簇结构表征网络，使得簇中顶点密集连接，簇间只有稀疏的连接（图4.16）。检测这些网络是有显著的实际意义的。例如，将万维网上相关的主题分到同一个簇中、将社交网络中的群体对应于社会单位或簇[77,78]。一个网络包含可以传达有用的信息紧密型簇：如果一个代谢网络可以划分为几个簇，那么它可能对网络的动态特性的模块化视图提供了极大的帮助，不同簇对应着不同的功能，由此显示了网络有一定程度的独立性。

发现簇的工作具有悠久的历史，其方法分为两个研究主线：第一，推移图划分，尤其是在计算机科学和相关领域进行了深入研究[79-81]；第二，确定的名称，如方块造型、层次聚类或簇结构检测[82-84]。

虽然两条主线通过一些不同的手段进行研究，但都是为了解决相同的问题。在图划分中存在一个典型的问题，就是如何分配一组并行计算机的任务，以便尽量减少处理器间通信的量。这样的应用处理器的数量通常是事先已知的，每个处理器可以处理的数近似相同。因此，需要知道引入其中的网络分割的数目和大小。此外，该目标方法通常能找到网络的最好的分割。

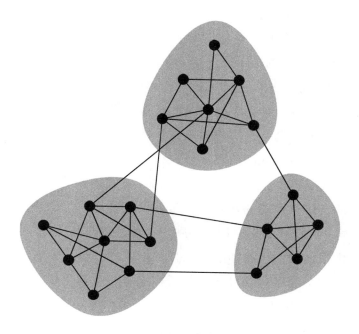

图4.16　网络的簇结构

图聚类是一种用来研究大型网络的数据分析技术。检测簇结构的方法通常将网络自然地分为子簇与实验者找到的那些簇，该簇的数目和尺寸不是由实验者规定[85]。此外，检测簇结构的方法可以显示出网络具有良好分割的可能性，所以它揭示了网络的拓扑结构。本节的重点是检测真实系统网络数据集的簇结构。

4.9.3　最佳模块化的方法

假设给出或发现一些网络的结构，而且希望自然划分成不重叠的群体或簇，其中，这些簇可以是任何大小。

处理这个问题主要考虑网络是否存在两个簇，最好的解决方法是寻找顶点的分割，以便尽量减少在组间运行的边的数目。在图形分割的算法中，"最小割"几乎是无一例外的方法。然而，如上所讨论的，簇结构问题的关键在于不同的图划分，簇的大小通常不是事先已知的。例如，可以自由地选择网络跌期权[86]。

这种划分从某种意义上说是最佳的，但显然它并没有呈现出任何有价值的信息，一般情况下不使用这个解决方案。第二个方法是把一个顶点放在一组，其余的顶点在其他组，这样的结果一般会是最佳的。问题是，统计边缘不量化簇结构是否为一个好的方法？将网络划分为簇，不仅使得簇结构明显，而且还要使得簇内结构比簇间结构更好。如果两个组之间边的数量比预期的多，那么一些学者将其视为构成有意义的社会结构的条件。另一方面，如果组之间的边的数目比预期的少，或者相等，并且组内的数目更显著，那么它是合理的。

这种想法在一个网络中对应于统计学，可以使用已知的测量来定量模块化[87]。模块化是一个乘法常数，落入组的边的数目减去与在等效网络的随机的预期边数。

模块化可以是正或负，具有正的值表示群落结构存在的可能性。因此，人们可以通过搜索簇结构来寻找具有模块化的正值和优选大值的网络。结果表明，这是一个高效的方式。例如，Guimera 和 Amaral 以及存货最佳[88-90]等。优化的模块化可以采用模拟退火优化、直接比较标准优化[91,92]等方法。在大多数情况下这些方法优于所有其他的簇检测方法。诸如这些的基础上，考虑模块度最大化也许是当前较好的簇检测方法，也是在同一时期统计学原理和实践中非常有效的方法。

不幸的是，模拟退火优化不是解决大型网络问题的可行办法，本节对许多替代方法进行了研究，如贪婪算法和极值优化。在这里，对基于模块化中所关注的网络的光谱特性方面进行不同的研究。

假设网络中有 n 个顶点。模块度可以写成：

$$Q = \frac{1}{4m}\sum_{ij}\left[A_{ij} - \frac{k_i k_j}{2m}\right]\delta(s_i, s_j) = \frac{1}{4m}s^T B s \qquad (4.5)$$

在这里定义对称矩阵 B：

$$B_{ij} = \left[A_{ij} - \frac{k_i k_j}{2m}\right] \qquad (4.6)$$

称之为模块化矩阵。其中如果顶点 i 属于第一组，则 $s_i=1$，如果属于第 2 组，则 $s_i=-1$。顶点 i 和 j 之间的边数为 A_{ij}，k_i 和 k_j 是顶点的度数，且 $m = \frac{1}{2}\sum k_i$。在本节中主要关注这个矩阵的性质。就目前而言，它的每一个行和列的元素总和为零，因此，它总是特征向量（1，1，1，…）与特征值为零。这种性质被称为图形拉普拉斯[93,94]，这是基础的图形分割、谱分割的最知名的方法之一，并具有相同的属性。事实上，在本节介绍的方法与频谱划分有很多相似之处，但仍有一些重要的差别，下面将会介绍。

鉴于式（4.6），继续通过 S 作为线性归一化的特征向量组合：

$$Q = \sum_i a_i u_i^T B \sum_j a_j u_j = \sum_{i=1}^n (u_i^T \cdot s)^2 \qquad (4.7)$$

其中，s 作为 B 的归一化特征向量，u_i 为线性组合，使得 $s = \sum_{i=1}^n a_i u_i$，其中

$a_i = u_i^T \cdot s$。假定特征值被标以递减顺序，$\beta_1 \geq \beta_2 \geq \cdots \geq \beta_N$。希望通过选择适当的分工，最大限度地模块化网络，或等效地通过选择索引向量 s 的值。这意味着选择更小的数以便聚集尽可能多的数，尽可能在涉及最大（正的）本征值的总和的项。如果有对选择的 S（除了标准化）没有其他的限制，这将是一件容易的事：只会选择成正比的特征向量。

不同于传统的划分方法，最大限度地减少社团之间边缘的数量，也没有必要来约束组大小或人为地禁止与所有顶点在单个组中的解。还有一个特征向量（1，1，1，…）对应于这样一个解，但其本征值是零。所有其他特征向量正交的这一个，必须具备积极因素和消极因素。因此，只要有正的特征值就不会把所有顶点分在同一组中。然而，在模块化矩阵中没有正特征值时，主特征向量是向量（1，1，1，…）在单个组相对应的所有顶点。但是，这恰恰是正确的结果：该算法是在这种情况下，没有分裂，其导致正模块化网络的结果。未划分网络的模块化是零，可以达到最好的结果，这是该算法的一个重要特征。该算法不仅有效地划分网络，而且还有很好的划分存在分歧的能力。后一种情况下网络将不可分割。也就是说，如果模块化矩阵没有正特征值，一个网络是不可分割的。这个想法将起到至关重要的作用。

该算法已经描述了特征向量的元素，但幅度传达了信息顶点对应元素做出的模块化的贡献，在式（4.7）可以看出，反之为小的。这意味着移动相应的小幅度，从一个组至另一个的组的顶点差别不大，换句话说，元素值的量度表明相似的顶点属于一个簇，这在一定意义上是对簇之间的界限。因此，算法允许分割顶点，但将它们放置在一个连续的尺度上，它们属于一组或其他组。

社会科学文献网络[95]作为该算法的一个例子，如图4.17。该网络是扎卡里网络，它是20世纪70年代美国大学一个空手道俱乐部成员之间友谊的"空手道俱乐部"的网络[96]。本网络是一个内部斗争的结果。在网络中，虚线是指分割线，这正好是俱乐部在现实生活中的已知分工。

图4.17的顶点是根据模块化矩阵的主导特征向量元素的值划分的，并且这些值也存在很好的簇结构。特别是，三个顶点具有最大权值（在图中的黑白顶点），图中的虚线左右对应于两个派别。

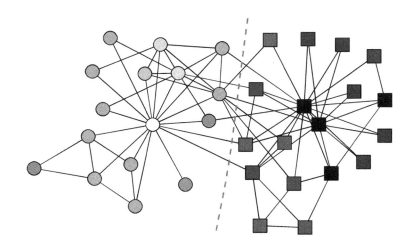

图4.17　基于特征向量的方法"空手道俱乐部"网络

4.9.4　网络划分成两个以上的簇

在上一节，已经给了一个简单矩阵来划分网络。许多网络包含两个以上的簇，所以想扩大该方法来寻找网络良好的子簇结构就要采用重复分割的方法。

这样做的关键是，首先将一个网络中的两个簇，简单地删除该两部分之间的边，然后再次对每个子图应用该算法。式（4.6）中，若将边缘删除，模块化可以将后续量最大化。相反，正确的做法是定义每个子图的模块化矩阵B：

$$B_{ij}^{(g)} = A_{ij} - \frac{k_i k_j}{2m} - \delta_{ij}\left[k_i^{(g)} - k_i\frac{d_g}{2m}\right] \tag{4.8}$$

其中，$k_i^{(g)}$是子图g内的顶点i的度数，d_g是子图中顶点的（总）度数k_i之和，δ_{ij}是一个变量。特别要注意的是，如果子图是不可分割的，可以将完整的网络式（4.8）简化为模块化矩阵，在反复细分网络，需要解决的一个重要问题是在什么时候停止细分的过程。该方法提供了一个明确的回答。如果不存在划分的子图，这将增加网络的模块化，或等效地给出正值，那么就没有什么可划分的子图；在上一段，网络是不可分割的，发生这种情况时，判断有没有正特征值的矩阵B，主导特征值提供了一个简单的检查细分过程的方法：如果主导特征值是零，即最小的值，则子图是不可分割的。然而，没有正特征值是不可分割性的一个充分条件，它不是一个必要条件。特别是，如果只有小的正的特征值和较大的负值，那么式（4.7）为负βI可能超过正值。简单地计算模块化的贡献，可以直接确认它是否大于零。

因此，该算法构建了模块化矩阵网络，发现其领先（最积极）的特征值和特征向量。将网络划分成两部分，根据这个向量的元素的符号再重复划分每个部分。如果在某一阶段，所提出的分割法使总模块值变为零或负，那么说明相应的子图未分割。当整个网络被分解为不可分割子图时，算法结束。网络中的所有"簇"是指不可分割的子图，并且许多作者都提出过什么是簇。

4.9.5 进一步最大化模块度的技术

在本节中，简要介绍另一种方法——模块度优化，这是从谱方法发展过来的不同的划分方法。这是第二种方法，它很快就会显示出非常好的效果。

将顶点初始划分成两组，最简单的选择是将社团的所有顶点放置在一个簇中。然后进行如下操作：顶点之间找到一个簇，当顶点移动到另一组时，将会使整个网络的模块化增幅变大或涨幅变小，如果不增加也是可能的。重复上一步骤，且每个顶点移动只限一次。当所有的 n 个顶点都被移动后，搜索集期间由网络占据中间状态。

该算法的操作是为了找到具有最大的模块化的状态。从这个状态重新开始，重复整个过程，直到模块化结果没有进一步的改善后。那些熟悉图划分的作者可能会发现这个算法让人联想起 Kernighan 的算法，此想法在 Kernighan 的算法得到了灵感。

尽管它很简单，但这种方法效果很好，已经取得了不错的模块化优化值，该方法结合了前面介绍的光谱方法。它是在解决标准图形分割问题常见方法的基础上用了基于图形拉普拉斯谱分割，得到初始网络被划分为两部分的结果，然后使用 Kernighan 的算法优化该算法。对于社会结构问题，等效联合工作有很好的效果。基于模块化矩阵的特征向量为光谱方法提供了一个很好的指导和一般的形式，划分簇应该采取这个一般形式，这种方法可以微调顶点移动的距离，以达到最佳的模块化的价值。整个过程重复细分网络，直到每个剩余子图是不可分割的且模块化没有进一步改进。

通常情况下，该算法的微调阶段添加只有百分之几的模块化最终值，但这些百分之几足够了，因为只有在 0 和 1 之间的划分是好的。

4.9.6 实验

在实验中，该算法给出了优异的成绩。下面是该算法和其他算法之间的定量比较，并比较模块化值用于各种网络。结果如表 4.1 的六个不同的网络。对比算法：GN、CNM、DA。这些算法无疑是最好的方法。有些方法不适用于大型网络，如所有分区的穷举或模拟退火。

表 4.1　网络划分模块

network	size n	modularity Q			
		GN	CNM	DA	this paper
karate	34	0.401	0.381	0.419	0.419
jazz musicians	198	0.405	0.439	0.445	0.442
metabolic	453	0.403	0.402	0.434	0.435
email	1133	0.532	0.494	0.574	0.572
key signing	10 680	0.816	0.733	0.846	0.855
physicists	27 519	–	0.668	0.679	0.723

　　该表揭示了一些有趣的结果。在所有的网络优化的模块化任务，该算法明显优于 GN 方法。另一方面，极值优化方法更具有竞争力。对于较小的网络，高达约一千个顶点，在该方法和极值优化性能之间没有差异；两种算法中发现的区划的模块化值相差不超过在千分之一。对于较大的网络，该算法确实比极值优化更好，此外这一差距在扩大网络规模的 10% 时增至约 6%。对于在过去的几年中出现的大网络，它成为用于检测簇结构最有效的方法。在表中给出了模块值，并提供了应用到现实世界网络的结果，该算法是一个成功的、有效的定量测量算法。此外，该算法还检测了许多以往研究使用的例子网络。

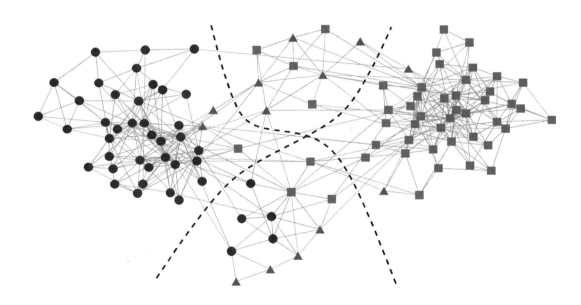

图 4.18　美国政治的书籍网络

　　第一个例子是政治的书籍网络，由雷布斯编制[97]（未公布，但看到 www.org net.com）。在这个网络中，105 顶点表示最近从线上书店 Amazon.com 购买美国政治书籍，边表示加入对那些相同的买方经常购买的书籍。书是按照其既定的或明显的政治取向，除了少数被明确两党或中间派，或没有明确的隶属关系的书。图 4.18 表示出通过该算法得到网络的结果。该算法找到四个簇顶点，图中的虚线为划分界限。

可以看到，这些簇一个几乎是自由的书籍和一个几乎是保守的书籍。大多数中间派被分到剩下的两个簇。因此，这些书的采购对应着政治观点"簇"，因此该算法能够从原始网络数据提取有意义的结果。特别有趣的是，中间派的书属于自己的簇，这仅仅是集中在自由派或保守派；这可能表明政治温和派形成自己的采购团体。

对于第二个例子，政治评论网站的网络[98, 99]，也称为网上目录编制"博客"，分配了一个政治取向，保守派或自由派。在网络中1225顶点在这里学习对应1225博客中亚当的最大组成部分，并组成网络。无向边连接顶点指的是如果任何一个对应的博客含有超链接其他在其前页面。通过该算法发现这个网络，网络清晰地划分为保守派簇和自由派簇，值得注意的是，最佳的模块化将网络划分为两个簇。一个簇有638个顶点，其中620（97%）代表保守派的博客。另外有587个顶点，其中548（93%）代表自由派的博客。该算法发现没有办法再划分这两个簇，这些簇是在本节中定义的意义上是"不可分割"。这种独特的网络是美国两极分化的佐证。

最后，该算法的时间复杂度为$O(n^2 \log n)$。该协调网络具有约27000的顶点，该算法在一个标准的计算机上运行需要大约20分钟。

4.9.7 结论

在本节中检测了网络的簇结构，解决了网络上分裂量的最大值优化任务的问题。这个问题可以在该算法模块化矩阵的特征向量的角度出发，并且可以利用此变换。该算法在质量方面和执行的速度方面优于先前的通用算法。将该算法应用在各种现实世界的网络数据集，包括社会和生物的例子，它给出了直观合理的簇结构以及更好的结果。

4.10 Near linear time algorithm to detect community structures in large-scale networks

Near linear算法是一种基于标签传播的图聚类算法，简称LPA算法。

4.10.1 摘要

社团检测和分析是理解各种现实世界网络组织的重要方法，并且在社会簇中形成共识或识别生物化学网络中的功能模块的问题中具有应用。目前使用的算法可以识别大规模的现实世界网络的簇结构，例如簇的数量和大小，但是计算开销比较大。在本节中，研究了一种简单的标签传播算法，它仅以网络结构为指导，既不需要预定义目标函数的优化也不需要有关簇的先前信息。在该算法中，每个节点都使用唯一的标签进行初始化，每个节点都采用当前大部分邻居的标签。在这个迭代过程中，密集连接的节点组在一个独特的标签上形成共识，以形成簇。通过将算法应用于簇结构已知的网络来验证算法发现，该算法的时间复杂度几乎是线性的。

4.10.2　研究背景

各种复杂系统都可以表示为网络，例如万维网是通过超链接互联的网页网络；社会网络由人们以节点及其边缘的关系代表，并且生物网络通常由生物化学分子表示为节点以及它们之间的边缘反应[100-103]。近阶段的研究大多集中在了解网络的演进和组织以及网络拓扑对系统动力学的影响，在网络中寻找簇结构是了解其所代表的复杂系统的又一个步骤。

网络中的簇是一组彼此相似的节点，与网络的其余部分不同，通常被认为是一个节点密集地相互连接并且稀疏地连接到网络的其他部分的组。簇没有普遍接受的定义，但众所周知，大多数现实世界的网络都显示簇结构[104,105]。近年来研究者在现实世界网络中定义、检测和识别簇方面已经做了很多努力，图聚类算法的目标是在给定网络中查找感兴趣的节点组。例如，WWW网络中的簇表示组中的节点之间的相似性[106-114]。因此，如果知道一小部分网页提供的信息，那么可以将其推广到同一簇的其他网页。社会网络簇可以提供人们对共同特征或信仰的看法，使他们与其他簇不同。在生物分子相互作用网络中，将分离节点分解为功能模块可以帮助识别个体分子的作用或功能。此外，在许多大规模的现实世界网络中，簇可以具有不同的属性，它们在组合分析中会丢失。

图聚类与研究良好的网络划分问题相似。网络划分问题通常被定义为将网络划分成大致相等大小的 c（固定常数）组，最小化组之间的边数。这个问题是 NP-hard 和高效的启发式方法已经开发了多年来未解决的问题[115-18]。这项工作大部分来自工程应用，包括大规模集成（VLSI）电路布局设计和并行计算映射[119]。汤普森表明[120]，影响芯片给定电路最小布局面积的重要因素之一是其二等分宽度。此外，为了增强算法的性能，其中节点表示计算并且边缘表示通信，节点在处理器之间被平均分配，使得它们之间的通信被最小化。

网络划分算法的目标是将任何给定的网络划分成大致相等的组，而不考虑节点的相似度。另一方面，图聚类发现群体中具有固有或外部指定的组内节点之间相似度的概念。此外，网络中的簇数量及其大小预先未知，并且通过图聚类算法建立。

已经提出了许多算法来寻找网络中的簇结构。层次分析法将网络划分为簇，依次采用不相似性度量，导致了从整个网络到单身簇的一系列分区[121,122]。类似地，还可以基于相似性度量连续地将较小的簇组合在一起，再次划分一系列分区[123,124]。由于分区范围广泛，用于衡量簇结构强度的结构性指标用于确定最相关的结构。通常使用基于模拟的方法来查找具有强簇结构的分区。光谱最大化（切割最小化）[125-127]已经成功地用于将网络分成两个或更多个簇。

本节中介绍了一种基于标签传播的簇检测算法。每个节点都使用唯一的标签进行初始化，每次迭代时，每个节点采用一个最大数量的邻居的标签，随机断开。当标签以这种方式传播通过网络时，密集连接的节点组形成一致的标签。在算法的最后，具有相同标签的节点被分组在一起作为簇。正如将要介绍的，这种算法优于其他方法的特点是其简单性和时间效率。该算法使用网络结构来指导其进展，并且不优化任何具体选择的簇优势度量。此外，簇的数量及其大小不是事先知道的，而是在算法的最后确定。在先前考虑的网络（如扎卡里的空手道友谊网络和美国大学橄榄球网络）上应用算法获得的簇结构与这些网络中存在的实际簇是一致的。

4.10.3　相关工作

如前所述，簇没有独特的定义。一个簇的最简单的定义之一是一个社团，即一组节点，每对节点之间有边。群集捕捉到一个簇的概念，其中每个节点与其余节点都相关，因此彼此具有很强的相似性。Palla等人[113]使用了这个定义的扩展，他们将一个簇定义为一个相邻的团体链。如果它们共享$k-1$个节点，则它们定义两个k的集合（k个节点上的集合）将是相邻的。这些定义是严格的，即没有一个边缘就意味着集团不再存在。k族和k-俱乐部是一个更放松的定义，同时仍然保持簇内高密度的边缘。如果任意一对节点之间的最短路径长度或该组的直径最多为k，则称一组节点形成k族，这里最短路径只使用组内的节点。除了由该组节点引起的子网络是网络中直径k的最大子图之外，类似地定义了k-俱乐部。

Radicchi等[114]给出了基于组内节点数（相对于边缘数）相对于组外的度数的定义。网络中可以存在满足簇的给定定义的许多不同的节点分区。在大多数情况下，簇检测算法发现的节点组被认为是簇，不管它们是否满足特定的定义。为了找到最好的簇结构，需要一个可以量化簇实力的措施。衡量簇实力的一个方法是将簇边缘密度与网络边缘密度进行比较。如果在簇U内观察到的边数是e，则假设网络中的边缘在节点对中均匀分布，则可以计算U中预期边缘数大于e的概率P。如果P小，则簇中观察到的密度大于预期值。Newman[128]最近采用了类似的定义，其中比较了观察到的簇边缘密度和随机网络中同一簇边缘的预期密度，结果是每个节点的密度保持不变，这被称为模块化度量 Q。$Q=0$ 表示给定分区中组内的边缘密度不超过随机机会预期的边缘密度，更接近 1 表示更强的簇结构。

给定具有 n 个节点和 m 个边 N（n，m）的网络，任何图聚类算法找到节点的子组。让 C_1，C_2，$\cdots$，C_p 是找到的簇。在大多数算法中，发现的簇满足以下限制：

1. $C_i \bigcap C_j = \varnothing$ for $i \neq j$ and

2. $\bigcup_i C_i$ spans th e node set in N

Palla 等人[113]将簇定义为一个相邻 k-团的链，并允许簇重叠，在网络中找到所有这样的簇需要指数时间。他们使用这些来研究簇和生物网络中簇的重叠结构。通过形成另一个网络，其中簇由节点表示，并且节点之间的边指示存在重叠，则它们表明这样的网络在其节点度分布中也是异构的（胖尾）。此外，如果一个簇与另外两个簇有重叠区域，那么邻近簇也很有可能重叠。

网络 N（n，m）分成仅两个不相交子集的不同分区的数目是 $2n$，并且随 n 指数地增加。因此，我们需要一种快速找到相关分区的方法。Girvan 和 Newman 提出了一种基于边缘中心性概念的分裂算法，即网络中通过该边的所有节点对之间的最短路径数。这里的主要思想是，在簇之间运行的边界具有高于簇内部的边界值。通过连续重新计算和去除具有最高中间值的边，网络分解成不相交的组件。直到从网络中删除所有边缘该算法结束。算法的每个步骤的运行时间都是 O（mn），并且由于需要去除 m 个边缘，所以最差的运行时间为 O（$m^2 n$）。随着算法的进行，可以构建一个树形图（见图 4.19），图 4.19 描述了将网络分解成不相交的组件。因此，对于任何给定的 h，使得 $1 \leq h \leq n$，找到网络中最多一个分区到 h 个不相交的子组，描绘树形图中的所有这样的分区，而不管每个分区中的子组是否代表簇。Radicchi 等[114]提出了另一种分裂算法，其中树状图被修改为仅反映那些满足簇特定定义的群体。此外，代替边缘中心性，它们使用称为边缘聚类系数的局部度量作为去除边缘的标准。边缘聚类系数定义为给定边缘参与的三角形数量的百分比，与可能的这样的三角形的总数。对于在簇之间运行的边缘，边缘的聚类系数预计是最小的，因此算法通过去除具有低聚类系数的边来进行。该分裂算法的总运行时间为 O（$\frac{m^4}{n^2}$）。

类似地，也可以定义节点之间的拓扑相似性并执行聚集分层聚类。在这种情况下，从 n 个不同簇的节点开始，将最相似的簇组合在一起。Newman 使用模块化度量 Q 提出了一种合并方法（类似于聚集方法），其中在每个步骤中，两个簇被分在同一组，导致 Q 的最大的增加或最小的减小。该过程也可以表示为一个树形图，可以跨越树形图，找到对应于 Q 的最大值的分区。在算法的每个步骤中，最多比较 m 个组对，并且最多需要 $O(n)$ 时间来更新 Q 值。该算法持续到所有 n 个节点都在一个组中，因此算法的最坏情况运行时间为 $O[n(m+n)]$。Clauset 等人[129]的算法是对这种聚集分层方法的改编，但是使用一个高明的数据结构来存储和检索更新 Q 所需的信息。实际上，它们将算法的时间复杂度降低到 $O(md\log n)$，其中 d 是获得的树形图的深度。在具有多层次簇结构的网络中，还有其他启发式和基于模拟的方法，找到给定网络的分区最大化模块化度量 Q。

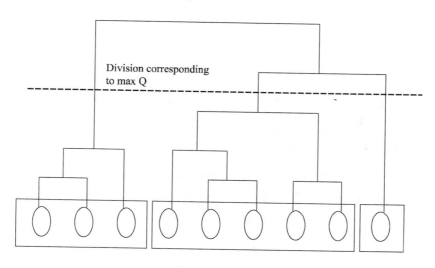

图4.19　不同簇的顺序的树形表示

标签算法也被用于检测网络中的簇，该作者提出了一种本地簇检测方法，其中节点被初始化为一个标签，然后通过邻居逐步传播，直到它到达簇的结尾，其中从簇向外进行的边缘数量下降低于阈值。在网络中所有节点找到当地簇后，形成一个 $n\times n$ 矩阵，如果节点 j 属于从 i 开始的簇，则第 i 个条目为 1，否则为 0。然后将矩阵的行重新排列成使得类似的行更靠近彼此。然后，从第一行开始，它们将所有行连续地包括到一个簇中，直到两个连续的行之间的距离大并且高于阈值。之后，形成了一个新的簇，并且继续进行。形成矩阵的行并重排它们需要 $O(n^3)$ 时间，因此该算法是耗时的。

由于许多现实世界的复杂网络规模都很大，所以簇检测算法的时间效率是重要的考虑因素。当没有关于给定网络中可能的簇的先验信息时，通常使用找到优化所选择的簇强度测量的分区。本节的目标是找到一种简单且时间有效的算法，不需要先前的信息（如簇的数量，大小或中心节点），并且仅使用网络结构来指导簇检测。上面所提出的这种不优化任何特定测量或功能的算法的机制将在以下部分中详细介绍。

4.10.4 标签传播的图聚类

标签传播算法的主要思想如下，假设节点 x 具有邻居 x_1，x_2，$\cdots$，x_k，并且每个邻居携带表示其所属簇的标签，然后 x 根据其邻居的标签来确定其簇。假设网络中的每个节点选择加入其邻居最大数目所属的簇，随机关系均匀分布。使用唯一的标签来初始化每个节点，并通过网络传播标签。随着标签传播，密集连接的节点组在独特的标签上快速达成一致（见图 4.20）。当在整个网络中创建了许多这样密集（共识）的群体时，它们继续向外扩展，直到算法结束。在传播过程结束时，具有相同标签的节点作为一个簇分组在一起。

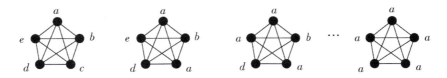

图4.20 所有节点都获得相同的标签

这个过程迭代地执行，其中在每个步骤中，每个节点根据其邻居的标签来更新自己的标签，更新过程可以是同步或者异步。在同步更新中，第 t 次迭代中的节点 x 在迭代 $t-1$ 的基础上更新其标签，因此，$C_x(t)=f[C_{x1}(t-1)，\cdots，C_{xk}(t-1)]$，其中 $C_x(t)$ 是时间 t 处节点 x 的标签。然而，问题在于，网络中的双分离或近似双重结构的子图会导致标签的振荡（见图 4.21），在簇采取星图形式的情况下尤其如此。因此，我们使用异步更新，其中 $C_x(t)=f[C_{xi1}(t)，\cdots，C_{xim}(t)，C_{xi(m+1)}(t-1)，\cdots，C_{xik}(t-1)]$，而 x_i，$\cdots$，x_{im} 是当前迭代中已经更新的 x 的邻居，而 $x_i(m+1)$，$\cdots$，x_{ik} 是当前迭代中尚未更新的邻居。在每次迭代中更新网络中所有 n 个节点的顺序是随机选择的。请注意，虽然在算法开头有 n 个不同的标签，但标签的数量减少了迭代次数。

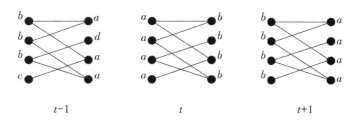

图4.21 双分网络

理想情况下，迭代过程应该继续，直到网络中没有节点改变其标签。然而，网络中可能存在两个或更多个簇中具有相等最大邻居数的节点。由于在可能的候选者之间随机断开关系，所以这些节点上的标签可能会改变迭代，即使它们的邻居的标签保持不变。因此，执行迭代过程，直到网络中的每个节点具有其邻居的最大数目所属的标签。通过这样做，可以将网络划分成不相交的簇，每个节点在其簇中至少拥有与其他簇一样多的邻居。如果 C_1，…，C_p 是当前在网络中活动的标签，$d_i^{C_j}$ 是节点 i 与标签 C_j 的节点的邻居数，则对于每个节点 i，该算法被停止，表示如下：

$$\text{If } i \text{ has label } Cm \text{ then } d_i^{Cm} \geq d_i^{Cm} \geq d_i^{Cj} \forall j$$

在迭代过程结束时，具有相同标签的节点被分组在一起作为簇。表征所获得簇的停止标准与 Radicchi[114] 等提出的强簇定义相似（但不完全相同）。虽然强大的簇要求每个节点在其簇内比其他簇更严格地拥有更多的邻居，但通过标签传播过程获得的簇要求每个节点在其簇内至少拥有与每个其他簇一样多的邻居。可以在以下步骤中描述我们提出的标签传播算法。

1. Initialize the labels at all nodes in the network. For a given node x, $C_x(0) = x$.

2. Set $t = 1$.

3. Arrange the nodes in the network in a random order and set it to X.

4. For each $x \in X$ chosen in that specific order, let $C_x(t) = f(C_{x_{i1}}(t), ..., C_{x_{im}}(t), C_{x_{i(m+1)}}(t-1), ..., C_{x_{ik}}(t-1))$. f here returns the label occurring with the highest frequency among neighbors and ties are broken uniformly randomly.

5. If every node has a label that the maximum number of their neighbors have, then stop the algorithm. Else, set $t = t + 1$ and go to (3).

由于开始每个节点携带算法的唯一标签，所以前几次迭代导致节点形成一致的各种小口袋（密集区域）（获取相同的标签）。然后，这些协商一致的团体获得势头，并试着获得更多的节点来加强团体。但是，当一个协商一致的团体到达另一个共识组的边界时，它们开始争取成员。如果节点之间的边缘少于组内边缘，则节点之间的组内相互作用可以抵消来自外部的压力。当群体之间达成全部共识时，算法收敛，最终簇被确定。注意，即使网络作为一个单一的簇满足停止标准，这个组的形成过程和竞争阻止所有节点在具有基础簇结构的异构网络的情况下获取相同的标签。在均匀网络的情况下，如随机图，没有簇结构，标签传播算法将这些巨大连接分量的图形识别为一个单一的簇。

该算法的停止标准只是一个条件，而不是最大化或最小化的措施。因此，没有唯一的解决方案，多个不同分组的网络分组满足停止标准（见图4.22和图4.23）。由于算法在随机关系的可能性较高的情况下，在迭代过程的早期就一致地断开关系，所以节点可以加入随机选择的簇。因此，从相同的初始条件可以获得多个簇结构。

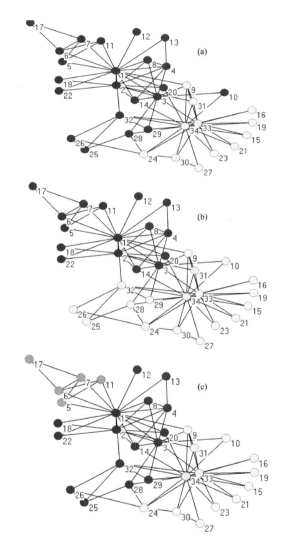

图4.22　(a)(b)和(c)是由Zachary所确定的三种不同的簇结构

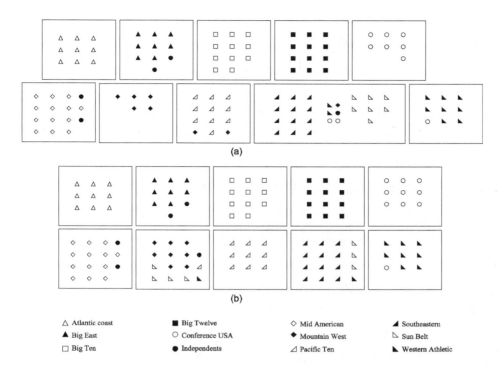

(a)

(b)

△ Atlantic coast	■ Big Twelve	◇ Mid American	◢ Southeastern
▲ Big East	○ Conference USA	◆ Mountain West	◺ Sun Belt
□ Big Ten	● Independents	◿ Pacific Ten	◣ Western Athletic

图4.23　（a）和（b）分别列出了美国大学橄榄球队的会议组合

将算法应用于以下网络。第一个是Zachary的空手道俱乐部网络，这是一个空手道俱乐部的34名成员之间的友谊网络[130, 131]。一段时间以来，俱乐部由于领导问题而分裂成两派，每个成员加入了两派之一。考虑的第二个网络是美国大学橄榄球队网络，由115个大学队组成，代表了节点，并在2000年的常规赛期间在队伍之间相互竞争。团队分为会议（簇），每个团队在自己的会议中比在会议之间打更多的比赛。接下来是16726名科学家的共同作者网络，他们在www.arxiv.org上发布了凝结物质档案的预印本[132]；边缘连接着共同撰写论文的科学家[133]。已经表明，共同作者网络中的簇由在同一领域工作的研究人员或研究小组组成。按照类似的方式，人们可以期望演员协作网络拥有包含类似类型的演员的社区[134]。在这里，考虑一个374511个节点和边缘之间运行的actor协作网络[135]，它们在至少一个电影中一起行动的演员之间。还考虑了由2115个节点组成的蛋白质-蛋白质相互作用网络[136]。簇有可能反映这个网络的功能分组。最后，我们考虑在nd.edu域内由325729个网页组成的万维网（WWW）的子集，以及互联的超链接。这里的簇预计将是类似主题的一组页面。

4.10.5　算法的验证

由于知道Zachary的空手道俱乐部和美国橄榄球队网络中的簇，因此通过将其应用于这些网络来明确地验证算法的准确性。发现该算法可以有效地发现各个网络中的基础簇结构。使用该算法在 Zachary 的空手道俱乐部网络获得的簇结构如图 4.22 所示。虽然所有三个解决方案都是应用于网络的算法的结果，图 4.21（b）反映了真正的解决方案。

图 4.22 给出了美国大学橄榄球队网络的 2 个解决方案。该算法在 10 个不同时间应用于该网络，两个解决方案是前 5 个和其余 5 个解决方案的总和。在图 4.22（a）和 4.22（b）中，可以看到，该算法可以有效地识别除 Sunbelt 之外的所有会议。差异的原因如下：在 Sunbelt 会议的 7 个团队中，4 个队（Sunbelt4 = {北德克萨斯州，阿肯色州，爱达荷州，新墨西哥州}）都已经互相打过，3 队（Sunbelt3 = {路易斯安那-门罗，中田纳西州，路易斯安那州-拉斐特}）再次相遇。只有一个连接 Sunbelt4 和 Sunbelt3 的比赛，即北德克萨斯州和路易斯安那州拉斐特之间的比赛。然而，Sunbelt 会议的 4 支球队（Sunbelt4 和 Sunbelt3 两人）在东南会议上与 7 支不同的队伍共同参加。因此，将 Sunbelt 会议与东南会议组合在一起，如图 4.22（a）所示。在图 4.22（b）中，Sunbelt 会议分为两组，Sunbelt3 与东南部和 Sunbelt4 组合在一起，与独立团队（犹他州）、西大西洋（博伊西州）和山西会议组合。后者的分组是由于 Sunbelt4 的每个成员都曾与犹他州和博伊西州一起打过，他们与 4 个不同的队伍共同打了 5 场比赛。还有 5 个独立团队，不属于任何具体的会议，因此由算法分配给一个会议，他们已经打了最大数量的比赛。图 4.24 显示了通过在同一网络上应用该算法 5 次不同时间获得的解决方案之间的相似性。

--	83.8235	86.7647	97.0588	92.6470
0.5545	--	91.1764	86.7647	91.1764
0.6274	0.7084	--	89.7058	94.1176
0.8813	0.6098	0.6955	--	89.7058
0.8188	0.7102	0.7908	0.7272	--

Karate club friendship network

Q：0.355　0.399

--	91.3043	92.1739	90	94.7826
0.7294	--	89.5652	84.7826	89.5652
0.6971	0.6223	--	83.9130	88.6956
0.6572	0.5903	0.5213	--	95.2173
0.7586	0.6787	0.5871	0.8477	--

US College football network

Q：0.457　0.476

--	86.5248	85.8156	85.7210	85.3901
0.8569	--	86.2884	86.4302	85.7683
0.8316	0.8398	--	86.0520	83.9007
0.8430	0.8551	0.8373	--	85.4137
0.7998	0.8159	0.7869	0.8124	--

Protein-protein interaction network

Q：0.738　0.745

--	84.6735	84.7213	83.9680	85.1488
0.6019	--	84.4553	84.8050	85.7683
0.6082	0.5985	--	84.5958	84.5689
0.5909	0.6082	0.5974	--	85.8543
0.6036	0.6042	0.6036	0.6254	--

Co-authorship network

Q：0.720　0.722

图 4.24　同一网络上 5 次不同时间获得的解决方案之间的相似性

4.10.6 时间复杂度

算法运行到结束需要近似线性的时间，使用唯一标签初始化每个节点需要 $O(n)$ 时间。标签传播算法的每次迭代都采用边缘数 $[O(m)]$ 的线性时间。在每个节点 x，首先根据它们的标签 $[O(dx)]$ 对邻居进行分组。然后选择最大的组，并将其标签分配给 x，需要最坏情况下的 $O(dx)$ 时间。在所有节点上重复该过程，因此每次迭代的总时间为 $O(m)$。图4.25显示了每个网络获得的聚合解决方案之间的相似性。

US college football network

—	0.7455	0.7713	0.7504	0.8851	0.7053
0.7805	—	0.9277	0.6853	0.7585	0.6417
0.8777	0.8814	—	0.6867	0.7817	0.6508
0.8777	0.8814	1	—	0.8256	0.6512
0.8777	0.8814	1	1	—	0.7888
0.7805	1	0.8814	0.8814	0.8814	—

Karate club friendship network

Co-autborship network

—	0.7691	0.7291	0.7368	0.7349	0.7578
0.8926	—	0.7560	0.7561	0.7597	0.7722
0.8927	0.8827	—	0.7360	0.7322	0.7604
0.9002	0.8887	0.8942	—	0.7717	0.7712
0.9003	0.8803	0.8885	0.8966	—	0.7642
0.9011	0.8864	0.8885	0.9062	0.8966	—

Protein–protein interaction network

—		
0.6545	—	
0.7196	0.6604	—

Wodd Wide Web

图4.25 每个网络获得的聚合解决方案之间的相似性

随着迭代次数的增加，正确分类的节点数量也在增加。这里假设一个节点被正确分类，如果它有一个标签，其邻居个数为最大数量。从实验中可以发现，无论 n，95%的节点或更多的节点在迭代结束之前被正确分类。即使在随机图的情况下，n 在100和10000的平均度4，没有簇结构，迭代5次，95%以上的节点分类正确。在这种情况下，算法将巨型连接组件中的所有节点识别为属于一个簇。

当算法终止时，两个或多个断开连接的节点组可能具有相同的标签（组通过不同标签的其他节点在网络中连接）。当一个节点的两个或多个邻居收到其标签并在不同方向传递标签时，会发生这种情况，最终导致不同簇采用相同的标签。在这种情况下，在算法终止之后，可以在每个单独的组的子网上运行简单的宽度优先搜索，以分离已断开的簇。这需要 $O(m+n)$ 的总时间。然而，当聚合解决方案时，很少在簇内找到不连贯的组。

4.10.7 结论

本节提出的标签传播过程仅使用网络结构来得到簇结构，并且不需要外部参数设置，每个节点根据其邻近簇对其所属簇做出自己的决定。这些本地化的决策导致了给定网络中簇结构的出现。该算法使用Zachary的空手道俱乐部和美国大学橄榄球队网络，验证了该算法发现的簇结构的准确性。此外，模块化度量Q对于所有获得的解决方案都是重要的，表明算法的有效性。每次迭代都采用线性时间$O(m)$，虽然可以观察到算法在大约5次迭代后开始明显收敛，但数学收敛难以证明。运行时间相似的其他算法包括Wu和Huberman算法［时间复杂度$O(m+n)$］和Clauset等算法［运行时间为$O(n\log 2n)$］。

Wu和Huberman算法[125]被用来将一个给定的网络分解成只有两个簇。在这个迭代过程中，使用标量值1和0初始化两个选定的节点，并且每个节点将其值更新为其邻居值的平均值。在收敛时，如果节点的邻居的最大数目具有高于给定阈值的值，那么节点也是如此。因此，节点倾向于被分类到其邻居的最大数目所属的簇。类似地，如果在新算法中，选择相同的两个节点并提供两个不同的标签（留下其他标签），标签传播过程将产生与Wu和Huberman算法类似的簇。然而，为了在网络中找到两个以上的簇，Wu和Huberman算法需要事先知道网络中有多少个簇。此外，如果知道网络中有c个簇，Wu和Huberman提出的算法只能找到大小相同的簇，即nc，不可能找到具有异构大小的簇。新算法提出的标签传播算法与Wu和Huberman算法的主要优点是不需要关于给定网络中簇数量和大小的先验信息；实际上这样的信息通常不适用于真实世界的网络。另外，新算法没有限制簇大小，它仅仅通过网络结构来确定关于簇的这种信息。

在测试网络中，标签传播算法发现其大小遵循强制分布的簇，指数v在0.5和2之间（图4.26）。这意味着网络中没有特征簇规模，与以前的观察结果一致[137]。虽然WWW和共同作者网络的簇规模分布大致遵循了截止的权力法则，分别为1.15和1.98指数，但对于演员协作网络，一个缩放关系与另一个缩放关系有明确的交叉。演员协作网络的簇规模分布对于164个节点的大小的幂律指数为2，在164和7425个节点之间为0.5。

在Clauset等人[129]的分层聚类算法中，对应于最大Q的分区被认为是网络中簇结构的最大指示。具有高Q值的其他分区将具有与最大Q分区类似的结构，因为这些解决方案是通过逐次累积两组来获得的。另一方面，本文提出的标签传播算法发现了多个具有一定数量不相似性的明显的模块化解决方案。特别是对于WWW网络，5种不同解决方案之间的相似性很低，Jaccard索引在0.4883到0.5921之间，但是所有的都是显著的模块化，Q值在0.857到0.864之间。这意味着所提出的算法不仅可以找到多个重要的簇结构，而且支持许多现实世界网络中的重叠簇。

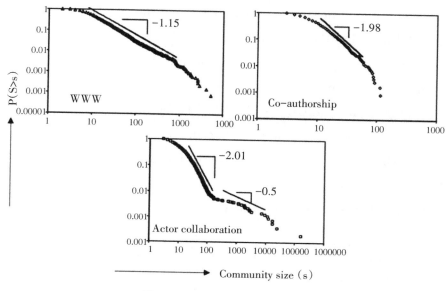

图4.26 簇大小的累积概率分布

4.11 参考文献

［1］韩家炜, 坎伯（KAMBER M.），裴健. 数据挖掘：概念与技术［M］.3版. 北京：机械工业出版社, 2012.

［2］IRINA G, YVIND H, GILBERT L. The bridges of königsberg — a historical perspective［J］. Networks, 2007, 49(3): 199-203.

［3］AMARAL L A N, OTTINO J M. Complex networks — augmenting the framework for the study of complex systems［J］. The European Physical Journal B, 2004, 38(2): 147-162.

［4］ERDÖS P, RÉNYI A. On random graphs Ⅰ ［J］. Publicationes Mathematicae Debrecen, 1959, 6: 290-297.

［5］DUNCAN J W, STEVEN H S. Collective dynamics of "small-world" networks ［J］. Nature, 1998, 393(6684): 440-442.

［6］ALBERT L B, RÉKA A. Emergence of scaling in random networks［J］. Science,

1999,286(5439):509-512.

[7]NEWMAN M E J,STROGATZ S H,WATTS D J. Random graphs with arbitrary degree distributions and their applications [J]. Phys Rev E,2001(64):026118.

[8] MORENO J L. Who shall survive? A new approach to the problem of human interrelations [M]. Washington,D C: Nervous and Mental Disease Publishing Co, 1934.

[9]FRITZ J R, WILLIAM J D. Management and the worker: an account of a research program conducted by the Western electric company, Hawthorne works, Chicago [M]. Cambridge,MA: Harvard University Press,1939.

[10]ALLISON D,BURLEIGH B G, MARY R G. Deep South: a social anthropological study of caste and class [M]. The University of South Chicago Press,1941.

[11] ANATOL R, WILLIAM J H. A study of a large sociogram [M]. Behavioral Science,1961.

[12]AMARAL L A N,SCALA A. Classes of small-world networks[J]. PNAS,2000,97 (21): 11149-11152.

[13]FENG X, DAVID L. Measuring the structure of road networks [J]. Geographical analysis,2007,39(3):336-356.

[14]GUIMERÀ R, MOSSA S, TURTSCHI A, et al. The worldwide air transportation network: Anomalous centrality, community structure, and cities' global roles [J]. Proceedings of the National Academy of Sciences,2005,102(22):7794-7799.

[15]NEO D M, BRADFORD A H, HASSAN A D, et al. Effects of sampling effort on characterization of food-web structure [J]. Ecology,1999,80(3):1044-1055.

[16]JOSÉ M M, STUART L P, RICARD V S. Ecological networks and their fragility [J]. Nature,2006,442(7100):259-264.

[17]RUBEN H, CRISTINA G, PEDRO J, et al. Ecological networks: delving into the architecture of biodiversity [J]. Biology Letters,2014,10(1): 26-57.

[18]RÉKA A,HAWOONG J, ALBERT-LÁSZLÓ B. Internet: Diameter of the world-wide web[J]. Nature,1999,401(6749):130-131.

[19] ADAM B J, MANUEL T. Patents, citations, and innovations: A window on the knowledge economy[M]. MIT press,2002.

[20]XIN L, HSINCHUN C. Patent citation network in nanotechnology (1976-2004) [J]. Journal of Nanoparticle Research,2007,9(3):337-352.

[21]MEI L, WANG C L, ANAND S. Semantic small world: An overlay network for

peer-to-peer search[C] // ICNP 2004,IEEE,2004:228-238.

[22] YING P, DE-HUA L, LIU J, et al. Detecting community structure in complex networks via node similarity [J]. Physica A: Statistical Mechanics and Its Applications, 2010,389:2849-2857.

[23] STANLEY W, KATHERINE F. Social network analysis: Methods and applications [M]. Cambridge University Press,1994.

[24] PAUL W H, SAMUEL L. Transitivity in Structural Models of Small Groups [J]. Comparative Group Studies,1971,2(2):107-124.

[25] 李龙杰. 复杂网络中链接预测与角色相似性计算方法研究[D].兰州:兰州大学,2014.

[26] WAYNE W Z. An information flow model for conflict and fission in small groups1 [J]. J. Anthropologres,1977,33(4):473.

[27] DAVID L, NEWMAN M E J. Identifying the role that animals play in their social networks. [J]. Proceedings of the Royal Society B: Biological Sciences,2004,271(Suppl 6): S477-S481.

[28] MICHELLE G, MARK E J. Community structure in social and biological networks [J]. Proceedings of the national academy of sciences,2002,99(12):7821-7826.

[29] JURE L, JON K, CHRISTOS F. Graph evolution: Densification and shrinking diameters [J]. ACM Transactions on Knowledge Discovery from Data(ACM TKDD),2007, 1:1-40.

[30] JURE L, KEVIN J L, ANIRBAN D, et al. Community structure in large networks: Natural cluster sizes and the absence of large well-defined clusters [J]. Internet Mathematics,2009,6(1):29-123.

[31] NEWMAN M E J. The structure of scientific collaboration networks [J]. Proceedings of the National Academy of Sciences of the United States of America,2001,98 (2):404-409.

[32] NEWMAN M E J, GIRVAN M. Finding and evaluating community structure in networks [J]. Phys Rev E,2004(69):026113.

[33] FORTUNATO S, BARTHÉLEMY M. Resolution limit in community detection [J]. Proceedings of the National Academy of Sciences,2007,104(1):36.

[34] MICHELLE G, MARK E J N. Community structure in social and biological networks[J]. Proceedings of the national academy of sciences,2002,99(12):7821-7826.

［35］USHA N R, RÉKA A, SOUNDAR K. Near linear time algorithm to detect community structures in large-scale networks ［J］. Physical Review E, 2007, 76(3):036106.

［36］MICHAEL J B, JOHN W C. Detecting network communities by propagating labels under constraints ［J］. Physical Review E, 2009, 80(2):26129.

［37］XIN L, TSUYOSHI M. Advanced modularity- specialized label propagation algorithm for detecting communities in networks ［J］. Physica A: Statistical Mechanics and Its Applications, 2010, 389(7):1493-1500.

［38］DONATH W E, HOFFMAN A J. Lower bounds for the partitioning of graphs ［J］. IBM Journal of Research Development, 1973, 17(5):420-425.

［39］DIMITRIOS M. Accelerating spectral clustering with partial supervision ［J］. Data Mining and Knowledge Discovery, 2010, 21(2):241-258.

［40］BRIAN W K, SHEN L. An efficient heuristic procedure for partitioning graphs ［J］. Bell system technical journal, 1970, 49(2):291-307.

［41］STIJN M V D. Graph clustering by flow simulation ［D］. University of Utrecht, 2015.

［42］SHAYAN A T, AZADEH S, MASOUD A. Personalized pagerank clustering: A graph clustering algorithm based on random walks ［J］. Physica A: Statistical Mechanics and Its Applications, 2013, 392(22):5772-5785.

［43］PASCAL P, MATTHIEU L. Computing communities in large networks using random walks ［C］// International Symposium on Computer and Information Sciences, Springer, 2005:284-283.

［44］MARK E J N. Fast algorithm for detecting community structure in networks ［J］. Physical Review E, 2004, 69(6):66133.

［45］ROGER G, LUIS A N A. Functional cartography of complex metabolic networks ［J］. Nature, 2005, 433(7028):895-900.

［46］CLARA P. Ga- net: A genetic algorithm for community detection in social networks ［C］// International Conference on Parallel Problem Solving from Nature, Springer, 2008:1081-1090.

［47］CLARA P. A multiobjective genetic algorithm to find communities in complex networks ［J］. IEEE Transactions on Evolutionary Computation, 2012, 16(3):418-430.

［48］STROGATZ S H. Exploring complex networks ［J］. Nature, 2001, 410(6825):268-276.

[49] ALBERT R, BARABÁSI A L. Statistical mechanics of complex networks [J]. Reviews of modern physics, 2002, 74(1): 47.

[50] DOROGOVTSEV S N, MENDES J F F. Evolution of networks: From biological nets to the Internet and WWW [M]. OUP Oxford, 2013.

[51] NEWMAN M E J. The structure and function of complex networks [J]. SIAM review, 2003, 45(2): 167-256.

[52] GIRVAN M, NEWMAN M E J. Community structure in social and biological networks [J]. Proceedings of the national academy of sciences, 2002, 99(12): 7821-7826.

[53] NEWMAN M E J, GIRVAN M. Finding and evaluating community structure in networks [J]. Physical Review E, 2004, 69(2): 26113.

[54] WILKINSON D, HUBERMAN B A. Finding communities of related genes [J]. arXiv preprint cond-mat/0210147, 2002.

[55] HOLME P, HUSS M, JEONG H. Subnetwork hierarchies of biochemical pathways [J]. Bioinformatics, 2003, 19: 532-538.

[56] GUIMER A R, DANON L, DIAZ-GUILERA A, et al. Self-similar community structure in organisations [J]. Preprint cond-mat/0211498, 2002.

[57] TYLER J R, WILKINSON D M, HUBERMAN B A. E-mail as spectroscopy: Automated discovery of community structure within organizations [J]. Preprint cond-mat/0303264, 2003.

[58] GLEISER P, DANON L. Community structure in jazz [J]. Preprint cond-mat/0307434, 2003.

[59] REDNER S. How popular is your paper? An empirical study of the citation distribution [J]. Eur Phys J B, 1998, 4: 131-134.

[60] NEWMAN M E J. The structure of scientific collaboration networks. Proc [J]. Natl Acad Sci USA, 2001, 98: 404-409.

[61] KLEINBERG J, LAWRENCE S. The structure of the Web [J]. Science, 2001, 294: 1849-1850.

[62] EVERITT B. Cluster Analysis [M]. New York: John Wiley, 1974.

[63] SCOTT J. Social Network Analysis: A Handbook [M]. London: Sage Publications, 2000.

[64] ZACHARY W W. An information flow model for conflict and fission in small groups [J]. Journal of Anthropological Research, 1977, 33: 452-473.

［65］LUSSEAU D. The emergent properties of a dolphin social network［J］. Biology Letters,Proc. R. Soc. London B（suppl.），2003.

［66］RIOLO M A. Topics in structured host-antagonist interactions［D］. University of Michigan,2014.

［67］NEWMAN M E J. The structure and function of complex networks［J］. SIAM review,2003,45(2): 167-256.

［68］WATTS D. JAND S H S. Collective dynamics of "small-world" networks［J］. Nature,1998,393:440-442.

［69］BARAB'ASI A L, ALBERT R. Emergence of scaling in random networks［J］. Science,1999,286:509-512.

［70］MILO R,SHEN-ORR S, ITZKOVITZ S. Network motifs: Simple building blocks of complex networks［J］. Science,2002,298:824-827.

［71］ALBERT R,BARAB ASI A L. Statistical mechanics of complex networks［J］. Rev Mod Phys,2002,74:47-97.

［72］DOROGOVTSEV S, NAND J F F. Mendes,Evolution of networks［J］. Advances in Physics,2002,51:1079-1187.

［73］NEWMAN M E J. The structure and function of complex networks［J］. SIAM Review,2003,45,167-256.

［74］NEWMAN M E J. Detecting community structure in networks［J］. Eur Phys J B,2004,38,321-330.

［75］DANON L, DUCH J. Comparing community structure identification［J］. J Stat Mech. P09008,2005.

［76］FLAKE G W, LAWRENCE S R, GILES C L, et al. Self-organization and identification of Web communities［J］. IEEE Computer,2002,35:66-71.

［77］GIRVAN M, NEWMAN M E J. Community structure in social and biological networks［J］. Proc. Natl. Acad. Sci.USA,2002,99:7821-7826.

［78］HOLME P,HUSS M,JEONG H. Subnetwork hierarchies of biochemical pathways ［J］. Bioinformatics,2003,19:532-538.

［79］GUIMER A R, AMARAL L A N. Functional cartography of complex metabolic networks［J］. Nature,2005,433:895-900.

［80］ELSNER U. Graph partitioning — a survey. Technical Report 97-27 ［D］. Technische Universität Chemnitz ,1997.

［81］FJÄLLSTRÖM P O. Algorithms for graph partitioning：A survey［J］. Link̈oping Electronic Articles in Computer and Information Science，1998，3(10)：97-101.

［82］WHITE H C，BOORMAN S A，BREIGER R L. Social structure from multiple networks：Ⅰ. Blockmodels of roles and positions［J］. Am J Sociol，1976，81：730-779.

［83］WASSERMAN S，FAUST K. Social Network Analysis［M］. Cambridge：Cambridge University Press，1994.

［84］Newman M E J，GIRVAN M. Finding and evaluating community structure in networks［J］. Phys Rev E，2004，69：26113.

［85］NEWMAN M E J. Fast algorithm for detecting community structure in networks ［J］. Phys Rev E，2004，69：66133.

［86］DUCH J，ARENAS A. Community detection in complex networks using extremal optimization［J］. Phys Rev E，2005，72：27104.

［87］CVETKOVIC D M，ROWLINSON P. Spectral graph theory［J］. Topics in algebraic graph theory，2004，102：88.

［88］FIEDLER M. Algebraic connectivity of graphs［J］. Czech Math J，1973，23：298-305.

［89］POTHEN A，SIMON H，LIOU K P. Partitioning sparse matrices with eigenvectors of graphs［J］. SIAM J Matrix Anal Appl，1990，11：430-452.

［90］ZACHARY W W. An information flow model for conflict and fission in small groups［J］. Journal of Anthropological Research，1977，33：452-473.

［91］RADICCHI F，CASTELLANO C，CECCONI F. Defining and identifying communities in networks［J］. Proc Natl Acad Sci USA，2004，101：2658-2663.

［92］KERNIGHAN B W，LIN S. An efficient heuristic procedure for partitioning graphs ［J］. Bell System Technical Journal，1970，49：291-307.

［93］CLAUSET A，NEWMAN M E J，MOORE C. Finding community structure in very large networks［J］. Phys Rev E，2004，70：66111.

［94］GLEISER P，DANON L. Community structure in jazz［J］. Advances in Complex Systems，2003，6：565-573.

［95］JEONG H，TOMBOR B，ALBERT R Z. The large-scale organization of metabolic networks［J］. Nature，2000，407：651-654.

［96］EBEL H，MIELSCH L I，BORNHOLDT S. Scale-free topology of e-mail networks ［J］. Phys Rev E，2002，66：35103.

［97］GUARDIOLA　X, GUIMERA　R, ARENAS　A, et al. Amaral, Macro- and microstructure of trust networks［J］. Preprint cond-mat/0206240,2002.

［98］NEWMAN M E J. The structure of scientific collaboration networks. Proc［J］. Natl Acad Sci USA,2001,98:404-409.

［99］ADAMIC L A, Glance N. The political blogosphere and the 2004 US election: divided they blog［C］//Proceedings of the 3rd international workshop on Link discovery. ACM,2005: 36-43.

［100］ALBERT R, BARABÁSI A L. Statistical mechanics of complex networks［J］. Reviews of modern physics,2002,74(1): 47.

［101］ALBERT R, JEONG H, BARABÁSI A L. Internet: Diameter of the world-wide web［J］. Nature,1999,401(6749): 130-131.

［102］BARABÁSI A L, ALBERT R. Emergence of scaling in random networks［J］. Science,1999,286(5439): 509-512.

［103］NEWMAN M E J. The structure and function of complex networks［J］. SIAM review,2003,45(2): 167-256.

［104］GIRVAN M, NEWMAN M E J. Community structure in social and biological networks［J］. Proceedings of the national academy of sciences,2002,99(12): 7821-7826.

［105］WASSERMAN S, FAUST K. Social network analysis: Methods and applications ［M］. Cambridge: Cambridge university press,1994.

［106］DANON L, DIAZ-GUILERA A, ARENAS A. Journal of Statistical Mechanics: Theory and Experiment p. P11010 ,2006.

［107］ECKMANN J P, MOSES E. Curvature of co-links uncovers hidden thematic layers in the world wide web［J］. Proceedings of the national academy of sciences,2002,99 (9): 5825-5829.

［108］FLAKE G, LAWRENCE S. Efficient identification of web communities[C]// Proceedings of the 6th ACM SIGKDD International Conference on Knowledge Discovery and Data Mining (KDD), 2000: 150 - 160.

［109］AMARAL, LUIS AN, JULIO M. Complex networks - Augmenting the framework for the study of complex systems[J].The European Physical Journal B,2005: 147-162.

［110］GUSTAFSSON M, HÖRNQUIST M, LOMBARDI A. Comparison and validation of community structures in complex networks［J］. Physica A: Statistical Mechanics and its Applications,2006,367: 559-576.

[111] HASTINGS M B. Community detection as an inference problem [J]. Physical Review E,2006,74(3): 035102.

[112] NEWMAN M E J, GIRVAN M. Finding and evaluating community structure in networks[J]. Physical Review E,2004,69(2):026113.

[113] PALLA G, DERÉNYI I, FARKAS I, et al. Uncovering the overlapping community structure of complex networks in nature and society [J]. Nature, 2005, 435 (7043): 814-818.

[114] RADICCHI F, CASTELLANO C, CECCONI F, et al. Defining and identifying communities in networks[J]. Proceedings of the National Academy of Sciences of the United States of America,2004,101(9): 2658-2663.

[115] KARGER D R. Minimum cuts in near-linear time [J]. Journal of the ACM (JACM),2000,47(1): 46-76.

[116] KERNIGHAN B W, LIN S. An efficient heuristic procedure for partitioning graphs[J]. The Bell system technical journal,1970,49(2): 291-307.

[117] FIDUCCIA C,MATTHEYSES R. A linear-time heuristic for improving network partitions[C]//Papers on Twenty-five years of electronic design automation. ACM,1982,175-181.

[118] HENDRICKSON B, LELAND R. An improved spectral graph partitioning algorithm for mapping parallel computations [J]. SIAM Journal on Scientific Computing, 1995,16(2): 452-469.

[119] STOER M, WAGNER F. A simple min-cut algorithm [J]. Journal of the ACM (JACM),1997,44(4): 585-591.

[120] THOMPSON C. Area-time complexity for VLSI[C]//Proceedings of the eleventh annual ACM symposium on Theory of computing. ACM, 1979: 81-88.

[121] NEWMAN M E J. Fast algorithm for detecting community structure in networks [J]. Physical Review E,2004,69(6): 066133.

[122] PONS P, LATAPY M. Computing communities in large networks using random walks[C]//ISCIS,2005,3733: 284-293.

[123] DUCH J, ARENAS A. Community detection in complex networks using extremal optimization[J]. Physical Review E,2005,72(2): 27104.

[124] NEWMAN M E J. Finding community structure in networks using the eigenvectors of matrices[J]. Physical Review E,2006,74(3): 36104.

［125］WU F, HUBERMAN B A. Finding communities in linear time: a physics approach［J］. The European Physical Journal B-Condensed Matter and Complex Systems, 2004,38(2): 331-338.

［126］BAGROW J P, BOLLT E M. Local method for detecting communities［J］. Physical Review E,2005,72(4): 046108.

［127］COSTA L F. Hub-based community finding［J］. arXiv preprint cond-mat/ 0405022,2004.

［128］NEWMAN M E J. Detecting community structure in networks［J］. The European Physical Journal B-Condensed Matter and Complex Systems,2004,38(2): 321-330.

［129］CLAUSET A, NEWMAN M E J. Finding community structure in very large networks［J］. Physical review E,2004,70(6): 66111.

［130］FRIEZE, ALAN M. On the independence and chromatic numbers of random regular graphs[J]. Journal of Combinatorial Theory, Series B, 1992, 54(1): 123-132.

［131］ZACHARY W W. An information flow model for conflict and fission in small groups［J］. Journal of anthropological research,1977,33(4): 452-473.

［132］NEWMAN M E J. The structure of scientific collaboration networks［J］. Proceedings of the National Academy of Sciences,2001,98(2): 404-409.

［133］JEONG H, MASON S P, BARABÁSI A L, et al. Lethality and centrality in protein networks［J］. Nature,2001,411(6833): 41-42.

［134］MILLIGAN G W,SCHILLING D A. Asymptotic and finite sample characteristics of four external criterion measures［J］. Multivariate Behavioral Research,1985,20(1): 97-109.

［135］GFELLER D, CHAPPELIER J C, DE LOS R P. Finding instabilities in the community structure of complex networks［J］. Physical Review E,2005,72(5):56135.

［136］WILKINSON D M, HUBERMAN B A. A method for finding communities of related genes［J］. Proceedings of the National Academy of Sciences, 2004, 101 (suppl 1): 5241-5248.

［137］ARENAS A,DANON L,DIAZ-GUILERA A,et al. Community analysis in social networks［J］. The European Physical Journal B,2004,38(2): 373-380.